钢-混组合梁的
动力响应解析分析

孙琪凯　著

北京交通大学出版社
·北京·

内 容 简 介

本书较全面地介绍了钢–混组合梁的发展前景、结构特点和动力分析难点，钢–混组合梁动力分析理论和方法的研究现状，钢–混组合梁动力分析基本假定，钢–混组合梁的动力特性解析分析方法，钢–混组合梁动力特性影响因素，移动荷载作用下的钢–混组合梁动力性能解析分析方法，以及解析分析方法在钢–混组合梁的车桥耦合动力分析中的应用。

本书可供钢–混组合梁动力分析相关领域的科研人员和工程技术人员参考。

图书在版编目（CIP）数据

钢–混组合梁的动力响应解析分析 / 孙琪凯著. —北京：北京交通大学出版社，2024.2

ISBN 978-7-5121-5190-1

Ⅰ. ① 钢⋯　Ⅱ. ① 孙⋯　Ⅲ. ① 钢筋混凝土结构–组合梁–动态响应–研究　Ⅳ. ① TU323.3

中国国家版本馆 CIP 数据核字（2024）第 049894 号

钢-混组合梁的动力响应解析分析
GANG-HUN ZUHELIANG DE DONGLI XIANGYING JIEXI FENXI

责任编辑：陈跃琴　　助理编辑：安秀静
出版发行：北京交通大学出版社　　电话：010-51686414　　http://www.bjtup.com.cn
地　　址：北京市海淀区高梁桥斜街 44 号　　邮编：100044
印 刷 者：北京虎彩文化传播有限公司
经　　销：全国新华书店
开　　本：170 mm×235 mm　　印张：10.5　　字数：150 千字
版 印 次：2024 年 2 月第 1 版　　2024 年 2 月第 1 次印刷
定　　价：49.00 元

本书如有质量问题，请向北京交通大学出版社质监组反映。
投诉电话：010-51686043，51686008；传真：010-62225406；E-mail：press@bjtu.edu.cn。

前　　言

钢-混组合梁是一种由混凝土板和钢梁通过抗剪连接件组合而成，并能够整体受力的新型结构形式。因其质量轻、力学性能好、施工便捷，而被越来越广泛地应用于铁路建设中，尤其是在高烈度地震区、艰险山区及桥上设置无砟轨道的铁路桥梁建设中具有巨大的应用前景。铁路桥梁由刚度控制设计，动力性能分析是铁路钢-混组合梁桥设计的关键要素之一，因此钢-混组合梁动力分析理论和分析方法的研究可为其在铁路桥梁中的应用提供重要的理论支撑。

作者在博士研究期间一直从事钢-混组合梁动力学行为研究，研究内容主要包含了钢-混组合梁的动力分析理论和动力分析方法两个方面，取得了一系列研究成果。虽然商业有限元软件建模可有效分析组合梁的空间受力情况，但如果研究中没有解析理论的指导，就难以判断有限元结果的正确性，因此本书重点介绍了钢-混组合梁的动力解析分析方法。本书是在既有研究成果的基础上凝练而成的，较为全面地介绍了钢-混组合梁的发展前景、结构特点和动力分析难点，钢-混组合梁动力分析理论和方法的研究现状，钢-混组合梁动力分析基本假定，钢-混组合梁的动力特性解析分析方法，钢-混组合梁动力特性影响因素，移动荷载作用下的钢-混组合梁动力性能解析分析方法，以及解析分析方法在钢-混组合梁的车桥耦合动力分析中的应用。

本书的研究工作得到了高速铁路轨道技术国家重点实验室的开放课题基金（2018Y179）、中国博士后科学基金（2023M730203）及国家资助博士后研究人员计划（GZC20230222）的资助。作者的博士生导师张楠教授为本书的构思、撰写、校核等工作做出了重要贡献，在此特别感谢！

由于作者水平所限，书中错误之处在所难免，恳请各位读者批评指正。

孙琪凯

2024 年 2 月 24 日于北京交通大学

目　　录

第1章　绪论 …………………………………………………………… 1

1.1　钢–混组合梁的发展前景 …………………………………… 1

1.2　钢–混组合梁动力分析理论的研究现状 ……………………… 2

1.3　研究目标、思路及内容 ……………………………………… 11

第2章　钢–混组合梁的动力分析理论 …………………………… 14

2.1　基本分析模型 ………………………………………………… 14

2.2　Euler-Bernoulli 组合梁理论 ………………………………… 15

2.3　Timoshenko 组合梁理论 …………………………………… 22

2.4　算例验证 ……………………………………………………… 34

2.5　小结 …………………………………………………………… 40

第3章　连续钢–混组合梁的动力分析 …………………………… 42

3.1　基本分析模型 ………………………………………………… 42

3.2　振型函数分析 ………………………………………………… 43

3.3　自由振动分析 ………………………………………………… 49

3.4　算例验证 ……………………………………………………… 50

3.5　小结 …………………………………………………………… 56

第4章　钢–混组合梁动力特性影响因素及试验研究 …………… 57

4.1　钢–混组合梁动力特性影响因素研究 ………………………… 58

4.2　钢–混组合梁频率近似解析表达式 …………………………… 74

4.3　钢–混组合梁动力特性试验研究 ……………………………… 88

4.4　不同计算方法的结果对比 …………………………………… 95

4.5　小结 …………………………………………………………… 100

第 5 章　移动荷载作用下钢–混组合梁的振动分析 ························ 101

   5.1　基本动力方程 ················· 101

   5.2　移动集中力作用下简支钢–混组合梁解析解 ············ 109

   5.3　算例验证 ···················· 116

   5.4　剪切变形的参数敏感性 ·············· 122

   5.5　动力系数的参数敏感性 ·············· 126

   5.6　小结 ······················ 130

第 6 章　Shear 组合梁理论在高速铁路钢–混组合梁桥中的应用 ········ 132

   6.1　车桥耦合分析理论 ··············· 133

   6.2　试验测试 ···················· 136

   6.3　动力特性分析 ················· 141

   6.4　动力响应分析 ················· 145

   6.5　小结 ······················ 150

参考文献 ························· 152

第1章 绪 论

1.1 钢–混组合梁的发展前景

进入 21 世纪，我国高速铁路事业得到了快速而高质量的发展。2023 年国家铁路局发布的《2022 年铁道统计公报》显示，我国的铁路运营里程达到了 15.5 万 km，其中的高速铁路运营里程占比约为 27.1%，达 4.2 万 km。到 2030 年，我国高速铁路里程将预计达到 4.5 万 km，占世界的比例超过 2/3[1]。基于提高线路平顺度、加快施工进度、增加空间利用率等原因，高速铁路产生了"以桥代路"的建设理念，这使得不同结构形式的桥梁得到了广泛的应用。截止到 2022 年，高铁运营里程中桥梁占比已经超过了一半。以沪杭高铁为例，其桥梁占比更是达到惊人的 92%。

现役高速铁路桥梁中，跨径小于 40 m 的多采用预应力混凝土梁桥；超过 100 m 的多采用拱桥、斜拉桥甚至大跨度悬索桥；当跨径处于 40～100 m 之间时，预应力混凝土梁桥随着跨径的增大而重量增加显著，拱桥、斜拉桥、悬索桥又因为跨度太小而经济性能太差。而钢–混组合梁不仅具有自重轻、承载力高和施工便捷等优点，还可以满足跨径在 40～100 m 范围内高速铁路桥梁的建设需求，因此越来越受到工程师们的青睐。钢–混组合梁是一种由混凝土板与钢梁通过抗剪连接件组合而成的能整体受力的结构形式，其典型构造如图 1–1 所示。高速列车荷载作用下，钢–混组合梁因承受较大的动力冲击荷载而表现出与静力响应迥异的动力响应，因此进行钢–混组合梁的动力性能分析显得尤为重要。

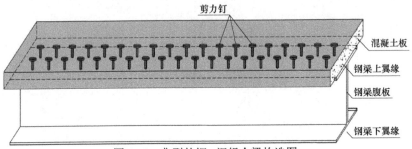

图 1-1 典型的钢-混组合梁构造图

当钢-混组合梁的钢梁和混凝土板之间采用柔性剪力钉连接时，荷载作用下，两者之间会产生界面相对滑移，从而降低结构的抗弯刚度。这一特征使得钢-混组合梁又可被称为"部分相互作用组合梁"。因此，本书虽然以钢-混组合梁为研究对象，但研究成果同样适用于其他由柔性剪力连接件连接的两种不同材料组成的部分相互作用组合梁（以下简称"组合梁"）。相对于普通梁，钢-混组合梁的动力分析变得更加复杂。针对钢-混组合梁会产生界面相对滑移这一特征，国内外学者已经进行了大量的研究[1-10]。但是，仍然存在以下问题亟待解决：一方面，现有的钢-混组合梁动力分析中仍存在分析理论基本假定不明晰和分析方法不准确等问题；另一方面，《钢-混凝土组合桥梁设计规范》（GB 50917—2013）仅给出了考虑界面相对滑移效应的静力计算方法——折减刚度法，而该方法并不适用于钢-混组合梁的动力分析。因此，给出钢-混组合梁动力分析时更加合理的理论基本假定，提出更加适合的动力分析方法，完善现行规范的规定，是合理进行铁路钢-混组合梁动力设计的基本要求，对于推动钢-混组合梁在铁路桥梁建设中的应用具有明显的理论和工程应用价值。

1.2 钢-混组合梁动力分析理论的研究现状

1.2.1 梁的运动学假定

普通梁的弯曲理论主要分为以下几种：Euler-Bernoulli 梁理论[11]和 Rayleigh

梁理论[12]、Timoshenko 梁理论[13-14]和 Shear 梁理论[16]及高阶梁理论[17-19]。其中，前 4 种理论均是基于梁体变形后横截面仍是平截面的假定而建立起来的。

1. Euler-Bernoulli 梁理论和 Rayleigh 梁理论

Euler-Bernoulli 梁理论满足直法线假定，即垂直于中性轴的梁横截面受到扰动变形后仍然垂直于中性轴且截面形状保持不变，如图 1-2 所示。

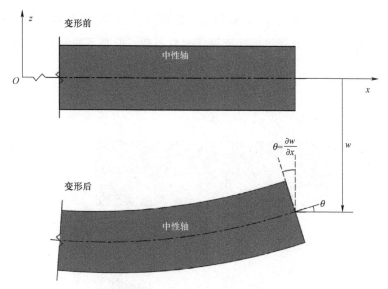

图 1-2 Euler-Bernoulli 梁变形

根据 Euler-Bernoulli 梁理论的基本假定，可用梁中性轴处的变形表示出梁的弯曲变形。Euler-Bernoulli 梁的位移场函数式为：

$$
\begin{cases}
u^*(x,z) = u_0(x) - z\dfrac{\partial w_0(x)}{\partial x} \\[2mm]
w^*(x,z) = w_0(x)
\end{cases}
\tag{1-1}
$$

式中，$u^*(x,z)$、$w^*(x,z)$ 分别表示梁的轴向位移和竖向位移的沿梁横截面的分布函数；u_0、w_0 分别表示梁中性轴处的轴向位移和竖向位移。

Euler-Bernoulli 梁理论只考虑了轴向运动、横向运动的惯性力的影响，而没有考虑转动惯量的影响。该梁理论中的独立物理量仅有轴向位移和竖向位移两个，因此计算比较简单。当梁的高跨比（H/L）较小时（细长梁），多采用这种假设来分析梁的低频振动响应。

对于动力分析，在 Euler-Bernoulli 梁理论的基础上增加考虑转动惯性矩项即变成了 Rayleigh 梁理论；对于静力分析，Rayleigh 梁理论和 Euler-Bernoulli 梁理论是完全一致的。

2. Timoshenko 梁理论和 Shear 梁理论

Timoshenko 梁理论不再满足直法线假定，其基本假定为垂直于中性轴的梁横截面受到扰动变形后截面形状保持不变，但是不再垂直于中性轴，如图 1-3 所示。

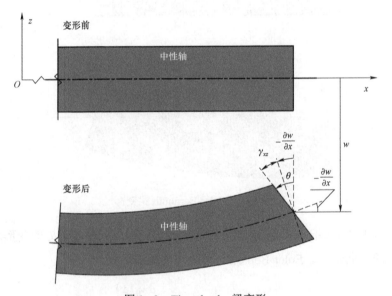

图 1-3　Timoshenko 梁变形

根据 Timoshenko 梁理论的基本假定，其位移场函数式可表示为：

$$\begin{cases} u^*(x,z) = u_0(x) + z\theta(x) \\ w^*(x,z) = w_0(x) \end{cases} \tag{1-2}$$

式中，θ 表示梁横截面转角。

Timoshenko 梁理论中，变形后横截面转角 θ 包括剪切变形产生的横截面转角 γ_{xz} 和梁弯曲产生的横截面转角 $-\partial w/\partial x$ 两个部分；并且，横向振动分析时，不仅考虑了横向加速度产生的惯性力，而且考虑了截面转动的角加速度产生的惯性力。Timoshenko 梁理论假定梁的剪应力沿梁高均匀分布（如图1-3所示），而剪应力的真实分布情况则是非线性、不均匀的。为了减小剪应力均匀分布假定所造成的计算误差，根据横截面形状不同引入截面剪切形状系数[15]。

动力分析时，在 Timoshenko 梁理论的基础上忽略截面转动的角加速度产生的惯性力项，则 Timoshenko 梁理论即退化为 Shear 梁理论；静力分析时，Shear 梁理论和 Timoshenko 梁理论是完全一致的。

3. 高阶梁理论

高阶梁理论假定梁体受到扰动而变形后，截面剪应力沿梁高呈非线性分布，如图1-4所示。

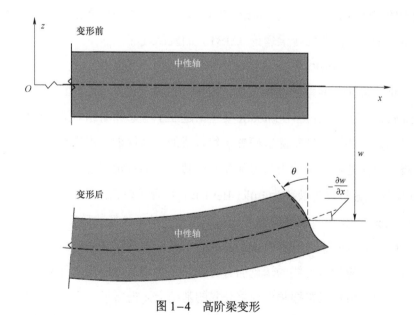

图1-4 高阶梁变形

为了更加准确地描述剪应力沿梁高的分布情况，部分学者[17-21]在描述位移场函数时引入了三阶多项式，则高阶梁的位移场函数式可表示为：

$$\begin{cases} u^*(x,z) = u_0(x) + zu_1(x) + z^2u_2(x) + z^3u_3(x) \\ w^*(x,z) = w_0(x) \end{cases} \qquad (1-3)$$

式中，u_i(i=0, 1, 2, 3)为梁的轴向位移沿梁高的分布函数。

Levinson 和 Reddy 利用梁的顶面和底面为不受切向外力的自由表面（剪应力均为零）的条件，消去位移场函数中的两个高阶项，从而简化了位移场函数[17-19]。但是当梁体承受切向外力时，受力的顶面或底面不再是自由表面，应力不再为零。为了分析这种情况，Kant 舍弃了 Reddy 高阶梁理论中的自由表面条件，并在位移场中考虑了横向变形[20-21]。

1.2.2 钢-混组合梁的动力分析理论假定

钢-混组合梁动力分析理论的研究经历了从仅考虑界面相对滑移的 Euler-Bernoulli 组合梁理论（EBT），到同时考虑界面相对滑移和一阶剪切变形的 Timoshenko 组合梁理论（TBT），再到同时考虑界面相对滑移和高阶剪切变形的高阶组合梁理论（HBT）的发展过程。

1. Euler-Bernoulli 组合梁理论

钢-混组合梁力学性能分析理论的研究最早开始于 20 世纪 50 年代。Newmark 等基于 Euler-Bernoulli 梁理论建立了考虑界面相对滑移的组合梁数学模型，并结合试验测试研究了组合梁的力学性能，得出了钢梁和混凝土板分界面处承受的剪力与界面相对滑移量之间可按照线性关系考虑的结论[2]。这一分析理论被称为 Euler-Bernoulli 组合梁理论。后续有多位学者把 Euler-Bernoulli 组合梁理论推广应用于组合梁动力性能的研究中。

Girhammar 等采用基于 d'Alembert 原理的直接平衡法建立了考虑界面相对滑移效应的组合梁的运动微分方程，并参考压杆稳定中计算长度的概念，在简支组合梁自振频率计算公式的基础上，提出了对应于 n 阶模态的组合梁长度系数，用于近似求解悬臂、两端简支、固支-简支和两端固支单跨组合梁的自振频率，随后又基于虚功原理，推导了轴力作用下组合梁的运动微分方程[22-24]。研究了轴力荷载作用下组合梁的稳定[25]、轴力和竖向力共同作用下组合梁的精确解和近似解[25-26]、包含集中质量和弹性边界的组合梁动力分析[27]及轴力作用下组合梁的动力分析[28]等问题。

Adam 等推导得到了动力荷载作用下组合梁响应的解析表达式，分析了动力均布荷载作用下简支组合梁的响应[29]。Leu 和 Huang 基于有限元的方法，推导得到了组合梁的 6 自由度单元刚度矩阵[30]，通过该刚度矩阵动力分析时只需把组合梁划分为 4 个单元，即可得到满意的计算精度。Huang 和 Su 在 Adam 等研究的基础上，给出了简支组合梁模态振型的正交条件，分析了移动荷载作用下简支组合梁的动力响应，研究了剪力键刚度与简支组合梁自振频率之间的关系[31]。

Wu 等和沈旭栋等对承受轴力荷载的组合梁的自振特性和移动荷载下的组合梁的动力响应进行了分析，提出了承受轴力的悬臂、两端简支、固支-简支和两端固支组合梁的自振频率近似表达式，研究了移动荷载下轴力大小对组合梁的跨中挠度及其动力放大系数的影响规律[32,35]。Chen 等和 Shen 等提出了适用于组合梁静动力分析的状态空间矩阵法，给出了组合梁的振型正交条件，分析了均布冲击荷载、均布阶跃荷载及移动集中力作用下组合梁的动力响应[33-34]。

侯忠明等从理论分析和模型试验两个方面分析了组合梁的动力性能，推导得到了考虑内阻尼和外阻尼的组合梁运动微分方程，提出了适用于组合梁动力分析的动力折减系数——"刚度折减系数"和"频率折减系数"；并通过试验研究了剪力键刚度对组合梁自振特性的影响，从动力学的角度采用振型叠加法给出了求解简支组合梁挠度的解析表达式；还通过试验和理论分析研究了简谐荷载下界面滑移响应和移动荷载下的动挠度响应，提出了一种基于曲率模态分析的组合梁损伤识别方法，建立了组合梁的车桥耦合分析模型[36-45]。

魏志刚等分析了车辆荷载作用下简支组合梁的振型和自振频率[46]。张云龙等把界面相对滑移按照应变考虑，采用变分法得到了简支组合梁的自振频率表达式，并通过与试验对比验证了表达式的正确性[47-48]。钟春玲等给出了计算包含体外预应力的简支组合梁自振频率的方法，并分析了体外预应力束的起弯点对自振频率的影响[49]。刘占莹和郭阳阳均基于张云龙等[48]的动力分析模型并结合试验和 ANSYS 数值模拟对组合梁的动力性能进行了分析[50-51]。

焦春节和丁洁民分析了包含体外预应力的连续组合梁的自振特性，分析了预应力筋的拉力对连续组合梁自振频率的影响[52]。Fang 等通过理论和试验研究分析了连续组合梁的边中跨度比对自振频率折减系数的影响[53]。

以上分析均是基于 Euler-Bernoulli 组合梁理论，即没有考虑组合梁的剪切变形和转动惯量的影响。对于长细梁的低阶频率的计算，这种理论模型是适用的。但是对于长细比较小的组合梁及高阶频率的分析，忽略剪切变形和转动惯量会使计算结果产生较大的误差。

2. Timoshenko 组合梁理论

针对 Euler-Bernoulli 组合梁理论存在的缺陷，部分学者把 Timoshenko 梁理论应用于组合梁运动状态的描述，发展出了 Timoshenko 组合梁理论。按照基本假定的不同，Timoshenko 组合梁理论又可以分为两种：第一种为假定混凝土板和钢梁的剪切转角相同[54]；第二种为假定混凝土板和钢梁的剪切转角不同[68]，如图 1-5 所示。混凝土板和钢梁的材料特性和结构尺寸存在差异，两者的剪切转角显然不相同，因此第二种假定与实际更加相符。

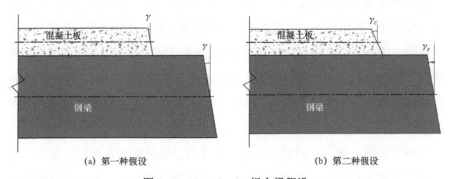

(a) 第一种假设　　　　　　　　(b) 第二种假设

图 1-5　Timoshenko 组合梁假设

基于第一种 Timoshenko 组合梁理论假定，Xu 等采用变分法推导得到了组合梁的运动微分方程，并与 Euler-Bernoulli 组合梁理论的结果进行了对比[54-55]。鲍光建等基于该理论把动力刚度矩阵法推广应用于组合梁的动力性能分析中[58-59]。张永平和徐荣桥把这一理论应用于分析多层组合梁[60]。郁乐乐和林建平等基于此理论构建了组合梁的车桥耦合运动方程，分析了剪切模量、阻尼、车速、车重、剪力键刚度和桥面不平顺等对组合梁的跨中挠度和界面相对滑移的影响[61-65]。张江涛等基于此理论假定提出了动力系数矩阵法，解决了动力刚度矩阵法中矩阵求逆奇异的问题[66-67]。

基于第二种 Timoshenko 组合梁理论假定，Berczyński 和 Wroblewski 及戚菁菁等推导了考虑界面滑移、竖向掀起及剪切变形的组合梁的运动微分方程，并讨论了这 3 种因素对组合梁自振频率的影响[68-69]。为了使运动微分方程更加简洁明了，仅考虑界面滑移和剪切变形两项，Nguyen 等得到了 8 阶偏微分方程，用于描述组合梁的运动，但是其并没有分析忽略转动惯量对组合梁动力性能的影响[70-72]。Schnabl 等研究了剪切变形、边界条件等对组合梁屈曲的影响[73-74]。部分学者采用有限元的方法，发展应用了这一理论[75-78]。Lin 等把这一理论应用于分析三层组合梁的静动力性能，并得到了准确的分析结果[79]。

3. 高阶组合梁理论

组合梁动力分析中常用的高阶组合梁理论有 Reddy 高阶组合梁理论（RBT）和 Kant 高阶组合梁理论（KBT）。两者的区别为 Kant 高阶组合梁理论中不再考虑上下自由表明条件，并考虑组合梁的横向压缩。

Chakrabarti 等基于变分原理构造了 Reddy 高阶组合梁的有限元方程，分析了组合梁的动力性能、截面应力分布和参数的影响[80-82]。杨骁等发展了这一理论，得到了组合梁挠度解析解[83-84]。Uddin 等进一步研究了组合梁的非线性问题[85-86]。何光辉等把 Kant 高阶组合梁理论应用于分析组合梁的静动力性能，主要研究了组合梁分界面压缩性、界面摩擦效应、地震荷载响应和屈曲稳定性等问题[87-94]。

4. 小结

Euler-Bernoulli 组合梁理论仅适用于长细梁的低阶频率分析,但具有简便快捷的计算优势。高阶组合梁理论可以更加准确地描述组合梁的横截面变形情况,但其未知参数繁多而使得求解复杂。Timoshenko 组合梁理论因考虑了剪切变形和转动惯量的影响而具有更广泛的适用范围,且相比于 Euler-Bernoulli 组合梁理论仅增加了一个未知参数。另外,对于非短粗梁($H/L < 1/2$),该理论与高阶组合梁理论的计算精度相差不大[90],因此其成为组合梁动力性能分析最为理想的理论。但是 Timoshenko 组合梁理论的基本假定尚不明晰,主要存在以下问题。

(1)子梁剪切角相等假定和子梁剪切角不等假定比选问题。通过假定混凝土板和钢梁具有相等剪切角,可以达到简化组合梁运动微分方程的效果。但是这一简化与组合梁的实际运动状态不符,势必会降低其计算精度,因此需要对这两种 Timoshenko 组合梁理论假定做进一步对比分析。

(2)剪切变形和转动惯量对组合梁动力性能影响问题。Timoshenko 梁理论进行动力计算时,同时考虑了剪切变形和转动惯量的影响,但是两者对组合梁动力性能的影响尚没有详尽的分析,也缺乏其他相关结构和材料参数(剪力键刚度、子梁抗弯刚度比、高跨比、剪切模量、边中跨比、边界条件等)对组合梁动力性能(自振特性、动力系数等)影响的研究。

因此,Timoshenko 组合梁理论假定尚需要完善,并应当补充相关影响因素对钢–混组合梁的动力性能影响的研究。

1.3 研究目标、思路及内容

1.3.1 研究目标

针对钢–混组合梁既有动力性能研究的不足，本书围绕钢–混组合梁的动力分析理论、动力分析方法及动力性能影响因素展开研究。具体的研究目标包括以下 4 个方面。

（1）完善动力分析理论。对比分析 Euler-Bernoulli 组合梁理论、子梁等剪切角假定的 Timoshenko 组合梁理论和子梁不等剪切角假定的 Timoshenko 组合梁理论，研究界面相对滑移、剪切变形、转动惯量和相关结构材料参数的影响，给出合理的钢–混组合梁动力分析理论假定。

（2）提出动力分析方法。基于完善后的组合梁理论，提出两端简支、悬臂、固支–简支、两端固支及连续等典型边界条件下钢–混组合梁的动力分析方法。

（3）探究动力性能影响因素。结合试验测试和理论研究，分析结构材料参数对钢–混组合梁动力性能（自振特性、动力响应）的影响，验证前述组合梁理论的正确性；提出适用于工程的典型边界条件下钢–混组合梁自振频率的近似表达式及剪力键设计方法。

（4）实现动力设计应用。采用前述完善后的组合梁理论和相关解析方法，建立钢–混组合梁的车桥耦合分析模型。对一座实际的钢–混组合梁桥的动力性能进行分析，评判其结构安全性，实现本书中提出的理论和方法的工程应用。

1.3.2 研究思路

为了实现预期的研究目标，本书把研究内容划分为动力分析理论研究、动力分析方法研究、动力性能影响因素研究和动力设计应用研究等 4 个部分。具体的研究思路及其相应的章节如图 1–6 所示。

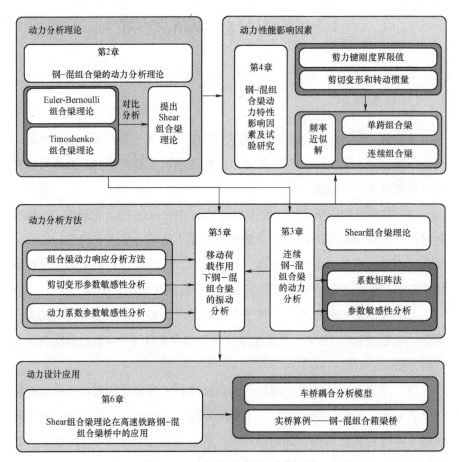

图 1–6 研究思路及其相应的章节

1.3.3 研究内容

本书各章节具体内容安排如下：

第 1 章：介绍钢–混组合梁的发展前景，分析钢–混组合梁动力分析理论和方法的国内外研究现状，阐述本书的研究目标、思路和内容。

第 2 章：分别基于 Euler-Bernoulli 组合梁理论和 Timoshenko 组合梁理论，考虑界面相对滑移的影响，采用能量变分法推导钢–混组合梁的运动微分方程；给出典型边界条件下钢–混组合梁自振频率和振型的求解方法，特别给出简支钢–混组合梁自振频率和振型的解析表达式；通过数值算例，初步分析剪切变形和转动惯量对组合梁自振特性的影响，归纳提出 Shear 组合梁理论假定。

第3章：基于 Shear 组合梁理论，提出连续钢–混组合梁的动力分析方法——系数矩阵法；通过数值算例，阐述计算方法的准确性。

第4章：全面深入地分析界面相对滑移、剪切变形和转动惯量对钢–混组合梁动力特性的影响，验证 Shear 组合梁理论假定的合理性；给出无量纲化的无需考虑界面相对滑移造成频率折减的剪力键刚度界限值，并研究剪切变形和转动惯量对界限值的影响；提出典型边界条件下（悬臂、两端简支、固支–简支、两端固支和多跨连续）钢–混组合梁自振频率近似解析表达式；通过室内模型梁试验，验证 Shear 组合梁理论和频率近似解的适用性和优越性。

第5章：基于 Shear 组合梁理论，推导动力荷载作用下考虑阻尼的组合梁的运动微分方程；给出振型正交条件，并利用振型正交性得到组合梁的动力响应，特别地，给出移动集中力作用下两端简支钢–混组合梁竖向振动位移、界面相对滑移和子梁正应力的解析解；通过数值算例，分析剪切变形对组合梁动力响应（竖向振动和界面相对滑移）的影响，以及各结构和材料参数、移动荷载速度等对钢–混组合梁动力系数（竖向位移、界面相对滑移和子梁正应力动力系数）的影响。

第6章：在第2~5章的研究成果的基础上，建立钢–混组合梁的车桥耦合分析模型，并采用全过程迭代法进行求解；评估一座实际的高速铁路钢–混组合梁桥的动力性能；通过与试验数据对比，验证车桥耦合分析模型的正确性，进而分析该桥梁的结构动力安全性，实现本书提出的 Shear 组合梁理论和相关解析方法在工程中的应用，并进一步说明在实际工程中，进行钢–混组合梁动力分析时考虑剪切变形的必要性。

第 2 章　钢–混组合梁的动力分析理论

如第 1 章中所述，现有的 Timoshenko 组合梁理论可分为两种。第一种理论[54]，假定混凝土板和钢梁的剪切角相等，从而简化了钢–混组合梁的运动微分方程，显然这一强加的约束会高估钢–混组合梁的抗弯刚度；第二种理论[54]，假定混凝土板和钢梁的剪切角是不等的，这与钢–混组合梁的实际运动状态更加相符。

目前基于第二种 Timoshenko 组合梁理论的研究尚不充分。因此，本章作为本书的理论基础，主要研究目的是提出考虑多因素影响的 Timoshenko 组合梁动力分析理论。界面相对滑移、剪切变形和转动惯量均对钢–混组合梁的动力性能存在一定的影响。为了研究这些因素的影响程度，首先应同时考虑这些因素，构建出钢–混组合梁的理论模型，然后综合考虑参数分析结果，提出更加合理的组合梁理论——Shear 组合梁理论，为本书后续钢–混组合梁动力性能研究提供理论基础。

虽然本章以钢–混组合梁为基本研究对象，但是研究成果同样适用于其他的由两种不同材料通过柔性剪力键连接而成的双层部分相互作用组合梁。

2.1　基本分析模型

本章的研究对象是线弹性钢–混组合直梁，且仅研究其平面内的运动，其典型构造如图 2–1 所示。

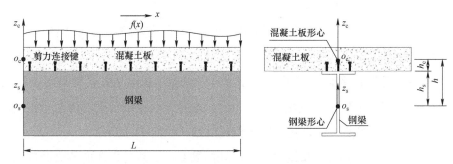

图 2-1　钢－混组合直梁典型构造图

为了方便表述，一般可以把钢－混组合梁分为混凝土板和钢梁两个子部分，并分别用下标 c 和 s 表示。在两个子梁的形心处构建两个笛卡尔坐标系，坐标原点为子梁各自右端截面的形心。定义 x 轴为沿梁长的方向，z 轴为竖向，服从右手螺旋法则，如图 2-1 所示。混凝土板和钢梁的弹性模量、剪切形状系数、剪切模量、抗弯惯性矩、密度和横截面积分别用 E_i、k_i、G_i、I_i、ρ_i、A_i（$i=$c,s）来表示。图 2-1 中，$h=h_c+h_s$，h_c 和 h_s 分别表示混凝土板和钢梁中性轴到钢－混结合面处的距离。

2.2　Euler-Bernoulli 组合梁理论

已有多篇国内外文献[13,31,36]提及基于 Euler-Bernoulli 梁理论的钢－混组合梁的运动微分方程。为了给后续基于 Timoshenko 组合梁理论的推导提供思路，并方便与 Timoshenko 组合梁理论进行对比分析，本节采用能量变分法对基于 Euler-Bernoulli 梁理论的钢－混组合梁的运动微分方程的推导过程进行了梳理。

2.2.1　基本假定

本节考虑子梁间的界面相对滑移，但不考虑剪切变形和转动惯量的影响。分析钢－混组合梁的动力性能时，基本假定如下：

（1）不考虑剪切变形和转动惯量的影响；

（2）仅研究钢–混组合梁平面内（x–z 平面，如图 2–1 所示）的运动，且混凝土板和钢梁均满足线弹性、小变形假设；

（3）混凝土板和钢梁的运动状态均符合 Euler-Bernoulli 梁理论假定；

（4）混凝土板不会发生竖向掀起（z 方向）而脱离钢梁，两个子梁间只被允许产生沿梁 x 轴方向的界面相对滑移（如图 2–1 所示）；

（5）忽略混凝土板和钢梁结合面处的黏结力，两者之间的剪力全部由剪力键传递，且剪力键可等效为连续分布的弹簧，等效刚度为 K。

根据以上假定，钢–混组合梁的界面相对滑移 u_{cs} 与轴向位移 u_c 和 u_s、竖向位移 w 之间的关系如图 2–2 所示。图中，w' 表示竖向位移 w 对 x 的导数。

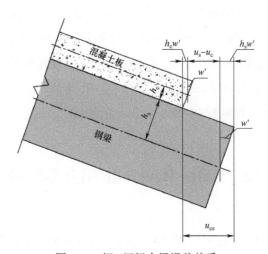

图 2–2 钢–混组合梁滑移关系

显然，由图 2–2 可得钢–混组合梁界面相对滑移关系式为：

$$u_{cs}(x,t) = u_c(x,t) - u_s(x,t) + h\frac{\partial w(x,t)}{\partial x} \qquad (2-1)$$

式中，$h = h_c + h_s$。

2.2.2 振动方程

由 Hamilton 变分原理，钢–混组合梁的自由振动问题可采用式（2–2）

进行描述。

$$\delta \int_{t_1}^{t_2} \left(T - U - U_{cs} \right) dt = 0 \qquad (2-2)$$

式中，T、U 和 U_{cs} 分别为钢-混组合梁的动能、应变能和剪力键的剪切势能。

钢-混组合梁的动能 T：

$$T = \frac{1}{2} \sum_{i=c,s} \int_0^L \iint_S \rho_i \dot{w}^2 dSdx = \frac{1}{2} \sum_{i=c,s} \int_0^L \rho_i A_i \dot{w}^2 dx \qquad (2-3)$$

钢-混组合梁的应变能 U：

$$U = \frac{1}{2} \sum_{i=c,s} \int_0^L \iint_S E_i \left(\frac{\partial u_i}{\partial x} - z_i \frac{\partial^2 w}{\partial x^2} \right)^2 dSdx$$

$$= \frac{1}{2} \sum_{i=c,s} \int_0^L E_i \left[A_i \left(\frac{\partial u_i}{\partial x} \right)^2 + I_{yi} \left(\frac{\partial^2 w}{\partial x^2} \right)^2 \right] dx \qquad (2-4)$$

钢-混组合梁剪力键的剪切势能 U_{cs}：

$$U_{cs} = \frac{1}{2} \int_0^L K u_{cs}^2 dx$$

$$= \frac{1}{2} \int_0^L K \left(u_c - u_s + h \frac{\partial w}{\partial x} \right)^2 dx \qquad (2-5)$$

把式（2-3）～式（2-5）代入式（2-2），并进行变分，可得钢-混组合梁的运动微分方程为：

$$\delta u_c : E_c A_c \frac{\partial^2 u_c}{\partial x^2} - Kh \left(\theta + \frac{\partial w}{\partial x} \right) = 0 \qquad (2-6)$$

$$\delta u_s : E_s A_s \frac{\partial^2 u_s}{\partial x^2} + Kh \left(\theta + \frac{\partial w}{\partial x} \right) = 0 \qquad (2-7)$$

$$\delta w : m\ddot{w} + EI \frac{\partial^4 w}{\partial x^4} - Kh^2 \left(\frac{\partial \theta}{\partial x} + \frac{\partial^2 w}{\partial x^2} \right) = 0 \qquad (2-8)$$

相应的自然边界条件为：

$$N_c = E_c A_c \frac{\partial u_c}{\partial x} \qquad (2-9)$$

$$N_s = E_s A_s \frac{\partial u_s}{\partial x} \qquad (2-10)$$

$$M = EI \frac{\partial^2 w}{\partial x^2} \tag{2-11}$$

$$Q = K_s h^2 \left(\theta + \frac{\partial w}{\partial x} \right) - EI \frac{\partial^3 w}{\partial x^3} \tag{2-12}$$

式中，$m=\rho_c A_c + \rho_s A_s$ 为单位长度的钢–混组合梁质量；$EI=E_c I_c + E_s I_s$ 是子梁抗弯刚度代数和；$\theta=(u_c - u_s)/h$ 是与界面相对滑移相关的转角。

联立式（2-6）和式（2-7）可得：

$$EAh^2 \frac{\partial^2 \theta}{\partial x^2} - Kh^2 \left(\theta + \frac{\partial w}{\partial x} \right) = 0 \tag{2-13}$$

式中，$EAh^2 = E_c A_c \times E_s A_s \times h^2 / (E_c A_c + E_s A_s)$，可定义为滑移抗弯刚度。

联立式（2-8）和式（2-13），可得钢–混组合梁运动微分方程得最终形式为：

$$\frac{\partial^6 w}{\partial x^6} - \frac{KEI_f}{EAEI} \frac{\partial^4 w}{\partial x^4} + \frac{m}{EI} \frac{\partial^4 w}{\partial x^2 \partial t^2} - \frac{mK}{EAEI} \frac{\partial^2 w}{\partial t^2} = 0 \tag{2-14}$$

式中，EI_f 为无滑移时（剪力键刚度无穷大）的截面抗弯刚度。

显然式（2-14）与文献［36］中采用直接平衡法获得的钢–混组合梁的运动微分方程相同，验证了式（2-14）的正确性。

2.2.3　边界条件及自振特性

式（2-14）可采用分离变量法进行求解。竖向振动位移 $w(x,t)$ 可以写为：

$$w(x,t) = \phi(x) \sin(\omega t + \varphi) \tag{2-15}$$

式中，$\phi(x)$ 为钢–混组合梁竖向位移 $w(x,t)$ 的振型函数。$\sin(\omega t + \varphi)$ 为随时间变化的振型幅值；ω 为钢–混组合梁的自振频率；φ 为相位角。

把式（2-15）代入运动微分方程式（2-14），可得解耦后的钢–混组合梁的运动微分方程为：

$$\frac{d^6 \phi}{dx^6} - \frac{KEI_f}{EAEI} \frac{d^4 \phi}{dx^4} - \frac{m\omega^2}{EI} \frac{d^2 \phi}{dx^2} + \frac{mK}{EAEI} \omega^2 \phi = 0 \tag{2-16}$$

上式的特征方程为：

$$\lambda^6 - \frac{KEI_f}{EAEI}\lambda^4 - \frac{m\omega^2}{EI}\lambda^2 + \frac{mK}{EAEI}\omega^2 = 0 \qquad (2\text{--}17)$$

式中，λ 为运动微分方程的特征值。

由文献［36］可知式（2–17）有 6 个解，分别为 $\pm\lambda_1 i$、$\pm\lambda_2$ 和 $\pm\lambda_3$。因此，运动微分方程式（2–16）的解可写为：

$$\phi(x) = A_1\sin(\lambda_1 x) + A_2\cos(\lambda_1 x) + A_3\sinh(\lambda_2 x) +$$
$$A_4\cosh(\lambda_2 x) + A_5\sinh(\lambda_3 x) + A_6\cosh(\lambda_3 x) \qquad (2\text{--}18)$$

工程应用中，常见的边界条件主要有自由、简支和固支等 3 种。对于单跨梁，根据两端边界不同，又可分为悬臂、两端简支、固支–简支和两端固支等 4 种。由式（2–6）～式（2–12）可知，钢–混组合梁的 3 个位移边界条件分别为 u_{cs}、$\psi=\partial w/\partial x$ 和 w。相对应的 3 个力边界条件分别为：

$$\begin{cases} N = \dfrac{E_s A_s N_c - E_c A_c N_s}{E_s A_s + E_c A_c} = EA\left(\dfrac{\partial u_{cs}}{\partial x} - h\dfrac{\partial^2 w}{\partial x^2}\right) \\[3mm] M = EI\dfrac{\partial^2 w}{\partial x^2} \\[3mm] Q = K_s h^2\left(\theta + \dfrac{\partial w}{\partial x}\right) - EI\dfrac{\partial^3 w}{\partial x^3} \end{cases} \qquad (2\text{--}19)$$

由式（2–19）及前述运动微分方程式可得 3 种典型边界条件的表达式：

（1）自由边界条件为：

$$\begin{cases} \dfrac{d^2\phi(x)}{dx^2} = 0 \\[3mm] \dfrac{d^4\phi(x)}{dx^4} - \dfrac{m}{EI}\phi(x) = 0 \\[3mm] \dfrac{d^5\phi(x)}{dx^5} - \dfrac{KEI_f}{EAEI}\dfrac{d^3\phi(x)}{dx^3} - \dfrac{m}{EI_f}\omega^2\dfrac{d\phi(x)}{dx} = 0 \end{cases} \qquad (2\text{--}20)$$

（2）简支边界条件为：

$$
\begin{cases}
\phi(x)=0 \\[2mm]
\dfrac{\mathrm{d}^2\phi(x)}{\mathrm{d}x^2}=0 \\[2mm]
\dfrac{\mathrm{d}^4\phi(x)}{\mathrm{d}x^4}-\dfrac{m}{EI_{\mathrm{f}}}\omega^2\phi(x)=0
\end{cases}
\tag{2-21}
$$

（3）固支边界条件为：

$$
\begin{cases}
\phi(x)=0 \\[2mm]
\dfrac{\mathrm{d}\phi(x)}{\mathrm{d}x}=0 \\[2mm]
\dfrac{\mathrm{d}^5\phi(x)}{\mathrm{d}x^5}-\dfrac{Kh^2}{EI}\dfrac{\mathrm{d}^3\phi(x)}{\mathrm{d}x^3}-\dfrac{m}{EI_{\mathrm{f}}}\omega^2\dfrac{\mathrm{d}\phi(x)}{\mathrm{d}x}=0
\end{cases}
\tag{2-22}
$$

把上述边界条件代入振型表达式（2-18）可得：

$$
\boldsymbol{KA}=
\begin{bmatrix}
k_{11} & k_{12} & k_{13} & k_{14} & k_{15} & k_{16} \\
k_{21} & k_{22} & k_{23} & k_{24} & k_{25} & k_{26} \\
k_{31} & k_{32} & k_{33} & k_{34} & k_{35} & k_{36} \\
k_{41} & k_{42} & k_{43} & k_{44} & k_{45} & k_{46} \\
k_{51} & k_{52} & k_{53} & k_{54} & k_{55} & k_{56} \\
k_{61} & k_{62} & k_{63} & k_{64} & k_{65} & k_{66}
\end{bmatrix}
\begin{bmatrix}
A_1 \\ A_2 \\ A_3 \\ A_4 \\ A_5 \\ A_6
\end{bmatrix}
=
\begin{bmatrix}
0 \\ 0 \\ 0 \\ 0 \\ 0 \\ 0
\end{bmatrix}
\tag{2-23}
$$

式中，元素 k_{ij} 由边界条件确定。

由于系数 A_i 不全为 0，因此只有满足 $\det \boldsymbol{K}=0$ 时，上式才能成立，即：

$$
\begin{vmatrix}
k_{11} & k_{12} & k_{13} & k_{14} & k_{15} & k_{16} \\
k_{21} & k_{22} & k_{23} & k_{24} & k_{25} & k_{26} \\
k_{31} & k_{32} & k_{33} & k_{34} & k_{35} & k_{36} \\
k_{41} & k_{42} & k_{43} & k_{44} & k_{45} & k_{46} \\
k_{51} & k_{52} & k_{53} & k_{54} & k_{55} & k_{56} \\
k_{61} & k_{62} & k_{63} & k_{64} & k_{65} & k_{66}
\end{vmatrix}
=0
\tag{2-24}
$$

　　显然，对于悬臂、固支–简支和两端固支等 3 种边界条件，式（2–24）是关于自振频率 ω 的超越方程，可以采用迭代的方法进行求解，求解过程如下：

　　步骤 1：假定一个自振频率增量 $\Delta\omega$，设 $\omega_j=\omega_{j-1}+\Delta\omega$，且 $\omega_1=0$。

　　步骤 2：把 ω_j 代入式（2–24），并计算 $\det \boldsymbol{K}$。如果 $\det \boldsymbol{K}_{j-1} \times \det \boldsymbol{K}_j \leqslant 0$，则设置 $\Delta\omega=-\Delta\omega/2$。

　　步骤 3：收敛性判断。当 $|\det \boldsymbol{K}_j| \leqslant$ 规定误差值后，ω_j 即为所求；否则，令 $\omega_{j+1}=\omega_j$，并重复步骤 1～3。

　　对于两端简支边界条件，式（2–24）为：

$$\begin{vmatrix} 0 & 1 & 0 & 1 & 0 & 1 \\ 0 & -\lambda_1^2 & 0 & \lambda_2^2 & 0 & \lambda_3^2 \\ 0 & \lambda_1^4 & 0 & \lambda_2^4 & 0 & \lambda_3^4 \\ S_1 & C_1 & SH_2 & CH_2 & SH_3 & CH_3 \\ -\lambda_1^2 S_1 & -\lambda_1^2 C_1 & \lambda_2^2 SH_2 & \lambda_2^2 CH_2 & \lambda_3^2 SH_3 & \lambda_3^2 CH_3 \\ \lambda_1^4 S_1 & \lambda_1^4 C_1 & \lambda_2^4 SH_2 & \lambda_2^4 CH_2 & \lambda_3^4 SH_3 & \lambda_3^4 CH_3 \end{vmatrix} = 0 \quad (2\text{–}25)$$

式中，$S_1=\sin\lambda_1 L$，$C_1=\cos\lambda_1 L$，$SH_2=\sinh\lambda_2 L$，$CH_2=\cosh\lambda_2 L$，$SH_3=\sinh\lambda_3 L$，$CH_3=\cosh\lambda_3 L$。

　　求解式（2–25）可得：

$$\left(\lambda_2^2-\lambda_3^2\right)^2 \left(\lambda_2^2+\lambda_1^2\right)^2 \left(\lambda_1^2-\lambda_2^2\right)^2 \sin\left(\lambda_1 L\right)\sinh\left(\lambda_2 L\right)\sinh\left(\lambda_3 L\right) = 0$$

$$(2\text{–}26)$$

显然，只有当 $\sin\left(\lambda_1 L\right)=0$ 时，式（2–26）才能成立。因此有：

$$\lambda_1 = \frac{n\pi}{L} \qquad (2\text{–}27)$$

　　把 $\lambda=\pm\lambda_1 \mathrm{i}$ 代入特征方程式（2–17），可得钢–混组合梁的自振频率和振型分别为：

$$\omega_n = \eta_n \omega_{\mathrm{f}} = \eta_n \frac{(n\pi)^2}{L^2}\sqrt{\frac{EI_{\mathrm{f}}}{m}} \qquad (2\text{–}28)$$

$$\eta_n = \sqrt{1 - \frac{(EAhn\pi)^2}{EI_f\left[KL^2 + (n\pi)^2 EA\right]}} \qquad (2-29)$$

$$\phi = \sin\left(\frac{n\pi x}{L}\right) \qquad (2-30)$$

式中，ω_f 为不考虑界面相对滑移的钢–混组合梁自振频率。式（2–28）获得的钢–混组合梁的自振频率显式表达式与文献［31,36］中给出的表达式完全一致，且由其可知，简支钢–混组合梁的振型与普通简支梁一致，均为正弦函数。

2.3 Timoshenko 组合梁理论

2.3.1 基本假定

本节基于 Timoshenko 组合梁理论，推导钢–混组合梁的运动微分方程。基本假定如下：

（1）考虑剪切变形和转动惯量的影响，且假定混凝土板和钢梁的剪切角是不等的；

（2）仅研究钢–混组合梁平面内（x–z 平面，如图 2–1 所示）的运动，且混凝土板和钢梁均满足小变形、线弹性假设；

（3）子梁间可沿轴向（x 方向，如图 2–1 所示）相对滑动，但不可竖向（z 方向，如图 2–1 所示）掀起脱离；

（4）子梁间的剪力全部由沿梁长均匀分布的剪力键承担。界面相对滑移 u_{cs} 与剪力键承受的剪力 Q 成正比关系，剪力键的等效剪切刚度为常量 K。

根据以上假定，钢–混组合梁的界面相对滑移 u_{cs} 与混凝土板和钢梁的轴向位移 u_c 和 u_s、剪切转角 θ_c 和 θ_s 之间的关系如图 2–3 所示。

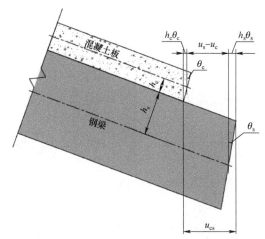

图 2−3　钢−混组合梁界面相对滑移关系

显然，由图 2−3 可以得出界面相对滑移的关系式为：

$$u_{cs}(x,t) = u_s(x,t) - u_c(x,t) + h_s\theta_s(x,t) + h_c\theta_c(x,t) \qquad (2\text{−}31)$$

基于 Timoshenko 组合梁理论和以上基本假定，钢−混组合梁的位移场函数可以写为：

$$\begin{cases} u_c^*(x,z,t) = u_c(x,t) + z_c\theta_c(x,t) \\ u_s^*(x,z,t) = u_s(x,t) + z_s\theta_s(x,t) \\ w^*(x,z,t) = w(x,t) \end{cases} \qquad (2\text{−}32)$$

式中，u_c 和 u_s 分别为混凝土板和钢梁中性轴处的轴向位移；θ_c 和 θ_s 分别为混凝土板和钢梁中性轴处的截面转角；w 为混凝土板和钢梁的竖向位移，根据基本假定，两者是相等的。

2.3.2　振动方程

与前述相同，采用 Hamilton 变分原理，钢−混组合梁的自由振动问题可以采用以下方程进行描述。

$$\delta\int_{t_1}^{t_2}(T - U - U_{cs})\mathrm{d}t = 0 \qquad (2\text{−}33)$$

式中，T、U、U_{cs} 分别为钢−混组合梁的动能、应变能和界面相对滑移势能，可以写为以下形式。

钢–混组合梁的动能 T：

$$T = \frac{1}{2} \sum_{i=c,s} \int_0^L \left(\rho_i A_i \dot{w}^2 + \rho_i I_i \dot{\theta}_i^2 \right) \mathrm{d}x \qquad (2-34)$$

钢–混组合梁的应变能 U：

$$U = \frac{1}{2} \sum_{i=c,s} \int_0^L \left[E_i A_i \left(\frac{\partial u_i}{\partial x} \right)^2 + E_i I_i \left(\frac{\partial \theta_i}{\partial x} \right)^2 + k_i G_i A_i \left(\frac{\partial w}{\partial x} - \theta_i \right)^2 \right] \mathrm{d}x \quad (2-35)$$

钢–混组合梁的界面相对滑移势能 U_{cs}：

$$U_{cs} = \frac{1}{2} \int_0^L K u_{cs}^2 \mathrm{d}x \qquad (2-36)$$

把式（2-34）～式（2-36）代入式（2-33），并进行变分处理，可得：

$$\delta u_s : E_s A_s \frac{\partial^2 u_s}{\partial x^2} - K u_{cs} = 0 \qquad (2-37)$$

$$\delta u_c : E_c A_c \frac{\partial^2 u_c}{\partial x^2} + K u_{cs} = 0 \qquad (2-38)$$

$$\delta \theta_s : EI_s \frac{\partial^2 \theta_s}{\partial x^2} + GA_s \left(\frac{\partial w}{\partial x} - \theta_s \right) - K h_s u_{cs} - J_s \ddot{\theta}_s = 0 \qquad (2-39)$$

$$\delta \theta_c : EI_c \frac{\partial^2 \theta_c}{\partial x^2} + GA_c \left(\frac{\partial w}{\partial x} - \theta_c \right) - K h_c u_{cs} - J_c \ddot{\theta}_c = 0 \qquad (2-40)$$

$$\delta w : GA_s \left(\frac{\partial^2 w}{\partial x^2} - \frac{\partial \theta_s}{\partial x} \right) + GA_c \left(\frac{\partial^2 w}{\partial x^2} - \frac{\partial \theta_c}{\partial x} \right) - m \ddot{w} = 0 \qquad (2-41)$$

相应的自然边界条件可以写为：

$$N_s = E_s A_s \frac{\partial u_s}{\partial x} \qquad (2-42)$$

$$N_c = E_c A_c \frac{\partial u_c}{\partial x} \qquad (2-43)$$

$$M_s = EI_s \frac{\partial \theta_s}{\partial x} \qquad (2-44)$$

$$M_c = EI_c \frac{\partial \theta_c}{\partial x} \qquad (2-45)$$

$$Q = GA\frac{\partial w}{\partial x} + GA_s\theta_s + GA_c\theta_c \qquad (2-46)$$

式中，$EI_s=E_sI_s$，$EI_c=E_cI_c$，$GA_s=k_sG_sA_s$，$GA_c=k_cG_cA_c$，$GA=GA_s+GA_c$，$J_s=\rho_sI_s$，$J_c=\rho_cI_c$，$m=\rho_sA_s+\rho_cA_c$；N_i 和 M_i（$i=$c,s）是混凝土板和钢梁的轴力和弯矩；Q 是钢–混组合梁的合计剪力。

显然，式（2-37）、式（2-38）、式（2-42）和式（2-43）中的 u_c 和 u_s 与界面相对滑移 u_{cs} 相关。因此，把式（2-31）代入式（2-37）～式（2-46）后，可得运动微分方程组：

$$\delta u_{cs}: \quad EA\left(\frac{\partial^2 u_{cs}}{\partial x^2} - h_s\frac{\partial^2\theta_s}{\partial x^2} - h_c\frac{\partial^2\theta_c}{\partial x^2}\right) - Ku_{cs} = 0 \qquad (2-47)$$

$$\delta\theta_c: \quad EI_c\frac{\partial^2\theta_c}{\partial x^2} + GA_c\left(\frac{\partial w}{\partial x} - \theta_c\right) - Kh_cu_{cs} - J_c\ddot{\theta}_c = 0 \qquad (2-48)$$

$$\delta\theta_s: \quad EI_s\frac{\partial^2\theta_s}{\partial x^2} + GA_s\left(\frac{\partial w}{\partial x} - \theta_s\right) - Kh_su_{cs} - J_s\ddot{\theta}_s = 0 \qquad (2-49)$$

$$\delta w: \quad GA_s\left(\frac{\partial^2 w}{\partial x^2} - \frac{\partial\theta_s}{\partial x}\right) + GA_c\left(\frac{\partial^2 w}{\partial x^2} - \frac{\partial\theta_c}{\partial x}\right) - m\ddot{w} = 0 \qquad (2-50)$$

自然边界条件可重写为：

$$N = \frac{E_cA_cN_s - E_sA_sN_c}{E_sA_s + E_cA_c} = EA\left(\frac{\partial u_{cs}}{\partial x} - h_s\frac{\partial\theta_s}{\partial x} - h_c\frac{\partial\theta_c}{\partial x}\right) \qquad (2-51)$$

$$M_c = EI_c\frac{\partial\theta_c}{\partial x} \qquad (2-52)$$

$$M_s = EI_s\frac{\partial\theta_s}{\partial x} \qquad (2-53)$$

$$Q = GA\frac{\partial w}{\partial x} - GA_s\theta_s - GA_c\theta_c \qquad (2-54)$$

式中，$EA= E_sA_s\times E_cA_c/(E_sA_s+E_cA_c)$；$N$ 为与界面相对滑移相关的轴力。

由式（2-47）～式（2-54）可以明显看出，基于 Timoshenko 组合梁理论的钢–混组合梁单元具有 4 个独立的节点位移，即界面相对滑移 u_{cs}、钢梁扭转角 θ_s、混凝土板扭转角 θ_c 和竖向位移 w，以及这 4 个节点位移相对应的 4 个节点力分别为界面相对滑移相关的轴力 N、钢梁弯矩 M_s、混凝土板弯矩 M_c 和钢–混组合梁剪力 Q。

式（2-47）～式（2-50）可以采用分离变量的方法进行展开，因此可以假定：

$$\{w \quad u_{cs} \quad \theta_s \quad \theta_c\} = \{W(x) \quad U_{cs}(x) \quad \Theta_s(x) \quad \Theta_c(x)\}\sin(\omega t + \varphi)$$

$$(2-55)$$

式中，$W(x)$、$U_{cs}(x)$、$\Theta_s(x)$ 和 $\Theta_c(x)$ 为振型函数。

把式（2-55）代入式（2-47）～式（2-50）可得：

$$\begin{cases} EA\left(\dfrac{\mathrm{d}^2 U_{cs}}{\mathrm{d}x^2} - h_s\dfrac{\mathrm{d}^2\Theta_s}{\mathrm{d}x^2} - h_c\dfrac{\mathrm{d}^2\Theta_c}{\mathrm{d}x^2}\right) - KU_{cs} = 0 \\[3mm] EI_s\dfrac{\mathrm{d}^2\Theta_s}{\mathrm{d}x^2} + GA_s\left(\dfrac{\mathrm{d}W}{\mathrm{d}x} - \Theta_s\right) - Kh_s U_{cs} + J_s\omega^2\Theta_s = 0 \\[3mm] EI_c\dfrac{\mathrm{d}^2\Theta_c}{\mathrm{d}x^2} + GA_c\left(\dfrac{\mathrm{d}W}{\mathrm{d}x} - \Theta_c\right) - Kh_c U_{cs} + J_c\omega^2\Theta_c = 0 \\[3mm] GA_s\left(\dfrac{\mathrm{d}^2W}{\mathrm{d}x^2} - \dfrac{\mathrm{d}\Theta_s}{\mathrm{d}x}\right) + GA_c\left(\dfrac{\mathrm{d}^2W}{\mathrm{d}x^2} - \dfrac{\mathrm{d}\Theta_c}{\mathrm{d}x}\right) + m\omega^2 W = 0 \end{cases}$$

$$(2-56)$$

式（2-56）的解可以写为：

$$\{W(x) \quad U_{cs}(x) \quad \Theta_s(x) \quad \Theta_c(x)\} = \{Z_1 \quad Z_2 \quad Z_3 \quad Z_4\}e^{\lambda x} \quad (2-57)$$

式中，λ 为运动微分方程的特征值；$Z_i(i=1, 2, 3, 4)$ 为待定系数。

把式（2-57）代入式（2-56），可得：

$$\begin{bmatrix} 0 & EA\lambda^2 - K & -EAh_s\lambda^2 & -EAh_c\lambda^2 \\ GA_s\lambda & -Kh_s & J_s^* & 0 \\ GA_c\lambda & -Kh_c & 0 & J_c^* \\ m^* & 0 & -GA_s\lambda & -GA_c\lambda \end{bmatrix}\begin{bmatrix} Z_1 \\ Z_2 \\ Z_3 \\ Z_4 \end{bmatrix} = \begin{bmatrix} 0 \\ 0 \\ 0 \\ 0 \end{bmatrix} \quad (2-58)$$

$$J_s^* = EI_s\lambda^2 - GA_s + J_s\omega^2 \qquad (2-59)$$

$$J_c^* = EI_c\lambda^2 - GA_c + J_c\omega^2 \qquad (2-60)$$

$$m^* = GA\lambda^2 + m\omega^2 \qquad (2-61)$$

由于 Z_i 不全为 0，因此仅当系数行列式为 0 时，上式成立，即：

$$
\begin{vmatrix}
0 & EA\lambda^2 - K & -EAh_s\lambda^2 & -EAh_c\lambda^2 \\
GA_s\lambda & -Kh_s & J_s^* & 0 \\
GA_c\lambda & -Kh_c & 0 & J_c^* \\
m^* & 0 & -GA_s\lambda & -GA_c\lambda
\end{vmatrix} = 0 \qquad (2-62)
$$

求解式（2-62）可得钢–混组合梁的运动微分方程的特征方程如下：

$$\lambda^8 + \eta_3\lambda^6 + \eta_2\lambda^4 + \eta_1\lambda^2 + \eta_0 = 0 \qquad (2-63)$$

$$\eta_0 = \frac{Km\omega^2\left(GA_sJ_c\omega^2 + GA_cJ_s\omega^2 - J_sJ_c\omega^4\right)}{EAEI_sEI_cGA} - \frac{GA_fKm\omega^2}{EAEI_sEI_c} \qquad (2-64)$$

$$\eta_1 = \frac{GA_fm\omega^2}{EI_sEI_c}\left[1 + K\left(\frac{h_s^2}{GA_s} + \frac{h_c^2}{GA_c}\right)\right] + \frac{Km\omega^2}{EAGA}\left(\frac{GA_s}{EI_s} + \frac{GA_c}{EI_c}\right) -$$

$$\frac{Km\omega^2\left(EI_sJ_c\omega^2 + EI_cJ_s\omega^2\right)}{EAEI_sEI_cGA} +$$

$$\frac{m\omega^2\left(J_sJ_c\omega^4 - GA_sJ_c\omega^2 - GA_cJ_s\omega^2 - Kh_s^2J_c\omega^2 - Kh_c^2J_s\omega^2\right)}{EI_sEI_cGA} +$$

$$\frac{KGA_f\left(J_s\omega^2 + J_c\omega^2\right)}{EAEI_sEI_c} - \frac{KJ_sJ_c\omega^4}{EAEI_sEI_c} \qquad (2-65)$$

$$\eta_2 = \frac{EI_fGA_fK}{EAEI_sEI_c} - \frac{m\omega^2}{GA}\left[\frac{GA_s}{EI_s} + \frac{GA_c}{EI_c} + K\left(\frac{1}{EA} + \frac{h_s^2}{EI_s} + \frac{h_c^2}{EI_c}\right)\right] +$$

$$\frac{m\omega^2\left(EI_sJ_c\omega^2 + EI_cJ_s\omega^2\right)}{EI_sEI_cGA} + \frac{J_sJ_c\omega^4}{EI_sEI_c} - \frac{GA_f\left(J_s\omega^2 + J_c\omega^2\right)}{EI_sEI_c} -$$

$$\frac{Kh_s^2J_c\omega^2 + Kh_c^2J_s\omega^2}{EI_sEI_c} - \frac{K\left(EI_sJ_c\omega^2 + EI_cJ_s\omega^2\right)}{EAEI_sEI_c} \qquad (2-66)$$

$$\eta_3 = -\frac{EIGA_f}{EI_s EI_c} - K\left(\frac{1}{EA} + \frac{h_s^2}{EI_s} + \frac{h_c^2}{EI_c}\right) + \frac{m\omega^2}{GA} + \frac{EI_s J_c \omega^2 + EI_c J_s \omega^2}{EI_s EI_c}$$

$$(2-67)$$

式中，$EI=EI_s+EI_c$，$EI_f=EI+EAh^2$，$GA_f=GA_s \times GA_c/(GA_s+GA_c)$。

2.3.3 边界条件及自振特性

式（2-63）的解可以写为：

$$\lambda_{1,2}^2 = -\frac{\eta_3 + p_1}{4} \pm \sqrt{\frac{(\eta_3 + p_1)^2}{16} - \left(\chi_1 + \frac{p_2}{p_1}\right)} \qquad (2-68)$$

$$\lambda_{3,4}^2 = -\frac{\eta_3 - p_1}{4} \pm \sqrt{\frac{(\eta_3 - p_1)^2}{16} - \left(\chi_1 - \frac{p_2}{p_1}\right)} \qquad (2-69)$$

式中，

$$\begin{cases} p_1 = \sqrt{8\chi_1 + \eta_3^2 - 4\eta_2} \\ p_2 = a_3\chi_1 - a_1 \end{cases} \qquad (2-70)$$

其中，χ_1 为式（2-71）的一个实数解。

$$8\chi^3 - 4\eta_2\chi^2 - (8\eta_0 - 2\eta_1\eta_3)\chi - \left[\eta_0(\eta_3^2 - 4\eta_2) + \eta_1^2\right] = 0 \quad (2-71)$$

式（2-63）的解为 3 对实数（$\lambda_1^2, \lambda_2^2, \lambda_3^2 > 0$）和一对虚数（$\lambda_4^2 < 0$）。因此运动微分方程式（2-56）的解，即振型方程，可以写为：

$$\begin{cases} W(x) = A_1 \sinh \lambda_1 x + A_2 \cosh \lambda_1 x + A_3 \sinh \lambda_2 x + A_4 \cosh \lambda_2 x + \\ \qquad A_5 \sinh \lambda_3 x + A_6 \cosh \lambda_3 x + A_7 \sin \lambda_4 x + A_8 \cos \lambda_4 x \\ U_{cs}(x) = B_1 \sinh \lambda_1 x + B_2 \cosh \lambda_1 x + B_3 \sinh \lambda_2 x + B_4 \cosh \lambda_2 x + \\ \qquad B_5 \sinh \lambda_3 x + B_6 \cosh \lambda_3 x + B_7 \sin \lambda_4 x + B_8 \cos \lambda_4 x \\ \Theta_s(x) = C_1 \sinh \lambda_1 x + C_2 \cosh \lambda_1 x + C_3 \sinh \lambda_2 x + C_4 \cosh \lambda_2 x + \\ \qquad C_5 \sinh \lambda_3 x + C_6 \cosh \lambda_3 x + C_7 \sin \lambda_4 x + C_8 \cos \lambda_4 x \\ \Theta_c(x) = D_1 \sinh \lambda_1 x + D_2 \cosh \lambda_1 x + D_3 \sinh \lambda_2 x + D_4 \cosh \lambda_2 x + \\ \qquad D_5 \sinh \lambda_3 x + D_6 \cosh \lambda_3 x + D_7 \sin \lambda_4 x + D_8 \cos \lambda_4 x \end{cases} \qquad (2-72)$$

如前所述，对于跨径为 L 的单跨钢-混组合梁，典型的边界条件有自由、简支和固支 3 种。显然，直接采用运动微分方程式（2-47）～式（2-50）

和自然边界条件式（2-51）～式（2-54）推导钢-混组合梁的边界条件是十分困难的。因此，首先把式（2-72）代入解耦后的运动微分方程式（2-56），得到系数 A_i、B_i、C_i、D_i 之间的关系。

对于 $A_{2i-1}\sim A_{2i}$、$B_{2i-1}\sim B_{2i}$、$C_{2i-1}\sim C_{2i}$ 和 $D_{2i-1}\sim D_{2i}$（$i=1,2,3$），有

$$
\begin{cases}
B_{2i-1} = \xi_i A_{2i-1} = \dfrac{n_2 n_5 n_9 + n_3 n_4 n_8}{n_1 n_2 n_3 - n_3 n_6 n_8 - n_2 n_7 n_9} A_{2i-1} \\[2mm]
B_{2i} = -\xi_i A_{2i} = -\dfrac{n_2 n_5 n_9 + n_3 n_4 n_8}{n_1 n_2 n_3 - n_3 n_6 n_8 - n_2 n_7 n_9} A_{2i} \\[2mm]
C_{2i-1} = \zeta_i A_{2i-1} = \dfrac{n_4 n_7 n_9 - n_1 n_3 n_4 - n_5 n_6 n_9}{n_1 n_2 n_3 - n_3 n_6 n_8 - n_2 n_7 n_9} A_{2i-1} \\[2mm]
C_{2i} = -\zeta_i A_{2i} = -\dfrac{n_4 n_7 n_9 - n_1 n_3 n_4 - n_5 n_6 n_9}{n_1 n_2 n_3 - n_3 n_6 n_8 - n_2 n_7 n_9} A_{2i} \\[2mm]
D_{2i-1} = \mu_i A_{2i-1} = \dfrac{n_5 n_6 n_8 - n_1 n_2 n_5 - n_4 n_7 n_8}{n_1 n_2 n_3 - n_3 n_6 n_8 - n_2 n_7 n_9} A_{2i-1} \\[2mm]
D_{2i} = -\mu_i A_{2i} = -\dfrac{n_5 n_6 n_8 - n_1 n_2 n_5 - n_4 n_7 n_8}{n_1 n_2 n_3 - n_3 n_6 n_8 - n_2 n_7 n_9} A_{2i}
\end{cases}
\tag{2-73}
$$

$$
\begin{cases}
n_1 = EA\lambda_i^2 - K \\
n_2 = EI_s\lambda_i^2 - GA_s + J_s\omega^2 \\
n_3 = EI_c\lambda_i^2 - GA_c + J_c\omega^2
\end{cases}
\begin{cases}
n_4 = -GA_s\lambda_i \\
n_5 = -GA_c\lambda_i \\
n_6 = -Kh_s
\end{cases}
\begin{cases}
n_7 = -Kh_c \\
n_8 = -EAh_s\lambda_i^2 \\
n_9 = -EAh_c\lambda_i^2
\end{cases}
\tag{2-74}
$$

对于 $A_7\sim A_8$、$B_7\sim B_8$、$C_7\sim C_8$ 和 $D_7\sim D_8$，有

$$
\begin{cases}
B_7 = \xi_4 A_8 = \dfrac{m_2 m_5 m_9 + m_3 m_4 m_8}{m_1 m_2 m_3 - m_3 m_6 m_8 - m_2 m_7 m_9} A_8 \\[2mm]
B_8 = -\xi_4 A_7 = -\dfrac{m_2 m_5 m_9 + m_3 m_4 m_8}{m_1 m_2 m_3 - m_3 m_6 m_8 - m_2 m_7 m_9} A_7 \\[2mm]
C_7 = \zeta_4 A_8 = \dfrac{m_4 m_7 m_9 - m_1 m_3 m_4 - m_5 m_6 m_9}{m_1 m_2 m_3 - m_3 m_6 m_8 - m_2 m_7 m_9} A_8 \\[2mm]
C_8 = -\zeta_4 A_7 = -\dfrac{m_4 m_7 m_9 - m_1 m_3 m_4 - m_5 m_6 m_9}{m_1 m_2 m_3 - m_3 m_6 m_8 - m_2 m_7 m_9} A_7 \\[2mm]
D_7 = \mu_4 A_8 = \dfrac{m_5 m_6 m_8 - m_1 m_2 m_5 - m_4 m_7 m_8}{m_1 m_2 m_3 - m_3 m_6 m_8 - m_2 m_7 m_9} A_8 \\[2mm]
D_8 = -\mu_4 A_7 = -\dfrac{m_5 m_6 m_8 - m_1 m_2 m_5 - m_4 m_7 m_8}{m_1 m_2 m_3 - m_3 m_6 m_8 - m_2 m_7 m_9} A_7
\end{cases}
\tag{2-75}
$$

$$\begin{cases} m_1 = -EA\lambda_4^2 - K \\ m_2 = -EI_s\lambda_4^2 - GA_s + J_s\omega^2 \\ m_3 = -EI_c\lambda_4^2 + GA_c + J_c\omega^2 \end{cases}, \begin{cases} m_4 = GA_s\lambda_4 \\ m_5 = GA_c\lambda_4 \\ m_6 = -Kh_s \end{cases}, \begin{cases} m_7 = -Kh_c \\ m_8 = EAh_s\lambda_4^2 \\ m_9 = EAh_c\lambda_4^2 \end{cases} \quad (2-76)$$

然后，采用式（2-73）～式（2-76）、振型方程式（2-72）及自然边界条件式（2-51）～式（2-54）即可构造出仅包含未知系数 $A_i(i=1, 2, \cdots, 8)$ 的与边界条件相关的八元一次方程组：

$$\mathbf{KA} = \begin{bmatrix} k_{11} & k_{12} & k_{13} & k_{14} & k_{15} & k_{16} & k_{17} & k_{18} \\ k_{21} & k_{22} & k_{23} & k_{24} & k_{25} & k_{26} & k_{27} & k_{28} \\ k_{31} & k_{32} & k_{33} & k_{34} & k_{35} & k_{36} & k_{37} & k_{38} \\ k_{41} & k_{42} & k_{43} & k_{44} & k_{45} & k_{46} & k_{47} & k_{48} \\ k_{51} & k_{52} & k_{53} & k_{54} & k_{55} & k_{56} & k_{57} & k_{58} \\ k_{61} & k_{62} & k_{63} & k_{64} & k_{65} & k_{66} & k_{67} & k_{68} \\ k_{71} & k_{72} & k_{73} & k_{74} & k_{75} & k_{76} & k_{77} & k_{78} \\ k_{81} & k_{82} & k_{83} & k_{84} & k_{85} & k_{86} & k_{87} & k_{88} \end{bmatrix} \begin{bmatrix} A_1 \\ A_2 \\ A_3 \\ A_4 \\ A_5 \\ A_6 \\ A_7 \\ A_8 \end{bmatrix} = \begin{bmatrix} 0 \\ 0 \\ 0 \\ 0 \\ 0 \\ 0 \\ 0 \\ 0 \end{bmatrix} \quad (2-77)$$

只有满足 det $\mathbf{K}$=0 时，上式才成立。可采用迭代的方法进行求解，求解过程与 2.2.3 节相同，此处不再赘述。

显然，由于运动微分方程的特征方程式（2-63）中包含了转动惯量相关项（$J_c\omega^2$ 和 $J_s\omega^2$），使得其变得异常复杂，且难以解耦。无法像 2.2 节中一样，获得简支钢-混组合梁的自振频率和振型的解析表达式。假如转动惯量对钢-混组合梁动力性能的影响很小，可以忽略（2.5.1 节中对这一假定进行了初步分析，且在第 3 章中进行了进一步的参数研究，验证了这一假定），那么此时的 Timoshenko 组合梁理论退化为 Shear 组合梁理论。钢-混组合梁的运动微分方程的特征方程可退化为：

$$\lambda^8 - \left(\eta_{31} - \eta_{32}m\omega^2\right)\lambda^6 + \left(\eta_{21} - \eta_{22}m\omega^2\right)\lambda^4 + \eta_1 m\omega^2\lambda^2 - \eta_0 m\omega^2 = 0 \quad (2-78)$$

$$\eta_0 = \frac{GA_f K}{EAEI_s EI_c}, \eta_1 = \frac{GA_f}{EI_s EI_c}\left[1 + K\left(\frac{h_s^2}{GA_s} + \frac{h_c^2}{GA_c}\right)\right] + \frac{K}{EAGA}\left(\frac{GA_s}{EI_s} + \frac{GA_c}{EI_c}\right)$$

$$(2-79)$$

$$\eta_{21} = \frac{EI_f GA_f K}{EAEI_s EI_c}, \eta_{22} = \frac{K}{GA}\left(\frac{1}{EA} + \frac{h_s^2}{EI_s} + \frac{h_c^2}{EI_c}\right) + \frac{1}{GA}\left(\frac{GA_s}{EI_s} + \frac{GA_c}{EI_c}\right) \quad (2-80)$$

$$\eta_{31} = \frac{EIGA_{\mathrm{f}}}{EI_s EI_c} + K\left(\frac{1}{EA} + \frac{h_s^2}{EI_s} + \frac{h_c^2}{EI_c}\right), \eta_{32} = \frac{1}{GA} \qquad (2-81)$$

此时，3 种典型边界条件的表达式如下。

（1）自由边界：

$$\begin{cases} \dfrac{\mathrm{d}^2 w}{\mathrm{d}x^2} = 0 \\[3mm] \dfrac{\mathrm{d}^4 w}{\mathrm{d}x^4} + \left(\varsigma_1 + \dfrac{m\omega^2}{GA}\right)\dfrac{\mathrm{d}^2 w}{\mathrm{d}x^2} = 0 \\[3mm] \dfrac{\mathrm{d}^6 w}{\mathrm{d}x^6} + \left(\varsigma_1 + \dfrac{m\omega^2}{GA}\right)\dfrac{\mathrm{d}^4 w}{\mathrm{d}x^4} + \varsigma_2 \dfrac{\mathrm{d}^2 w}{\mathrm{d}x^2} = 0 \\[3mm] \dfrac{\mathrm{d}^5 w}{\mathrm{d}x^5} + \left(\varsigma_1 + \dfrac{m\omega^2}{GA} + \varsigma_4\right)\dfrac{\mathrm{d}^3 w}{\mathrm{d}x^3} + \varsigma_4 \dfrac{m\omega^2}{GA}\dfrac{\mathrm{d}w}{\mathrm{d}x} = 0 \end{cases} \qquad (2-82)$$

（2）简支边界：

$$\begin{cases} w = 0 \\[3mm] \dfrac{\mathrm{d}^2 w}{\mathrm{d}x^2} = 0 \\[3mm] \dfrac{\mathrm{d}^4 w}{\mathrm{d}x^4} = 0 \\[3mm] \dfrac{\mathrm{d}^6 w}{\mathrm{d}x^6} \end{cases} \qquad (2-83)$$

（3）固支边界：

$$\begin{cases} w = 0 \\[3mm] \dfrac{\mathrm{d}^3 w}{\mathrm{d}x^3} + \left(\varsigma_1 + \dfrac{m\omega^2}{GA}\right)\dfrac{\mathrm{d}w}{\mathrm{d}x} = 0 \\[3mm] \dfrac{\mathrm{d}^5 w}{\mathrm{d}x^5} + \left(\varsigma_1 + \dfrac{m\omega^2}{GA}\right)\dfrac{\mathrm{d}^3 w}{\mathrm{d}x^3} + \varsigma_2 \dfrac{\mathrm{d}w}{\mathrm{d}x} = 0 \\[3mm] \dfrac{\mathrm{d}^7 w}{\mathrm{d}x^7} + \left(\varsigma_1 + \dfrac{m\omega^2}{GA}\right)\dfrac{\mathrm{d}^5 w}{\mathrm{d}x^5} + \varsigma_2 \dfrac{\mathrm{d}^3 w}{\mathrm{d}x^3} + \varsigma_3 \dfrac{\mathrm{d}w}{\mathrm{d}x} = 0 \end{cases} \qquad (2-84)$$

式中，ς_i（$i=1, 2, 3, 4$）为：

$$\begin{cases} \varsigma_1 = \dfrac{GA_s^2}{GAEI_s} + \dfrac{GA_c^2}{GAEI_c} \\[2ex] \varsigma_2 = \dfrac{GA_s^3}{GAEI_s^2} + \dfrac{GA_c^3}{GAEI_c^2} + \dfrac{K}{GA}\left(\dfrac{GA_s h_s}{EI_s} + \dfrac{GA_c h_c}{EI_c} \right)^2 \\[2ex] \varsigma_3 = \displaystyle\sum_{i=c,s} \dfrac{GA_i^4}{GAEI_i^3} + \dfrac{2K}{GA} \sum_{i=c,s} \dfrac{GA_i^2 h_i}{EI_i^2} \sum_{i=c,s} \dfrac{GA_i h_i}{EI_i} + \\[2ex] \qquad \dfrac{K^2}{GA}\left(\dfrac{1}{EA} + \displaystyle\sum_{i=c,s} \dfrac{h_i^2}{EI_i} \right)\left(\sum_{i=c,s} \dfrac{GA_i h_i}{EI_i} \right)^2 \\[2ex] \varsigma_4 = \displaystyle\sum_{i=c,s} \dfrac{GA_i^2 h_i}{EI_i^2} \Big/ \sum_{i=c,s} \dfrac{GA_i h_i}{EI_i} + K\left(\dfrac{1}{EA} + \dfrac{h_s^2}{EI_s} + \dfrac{h_c^2}{EI_c} \right) \end{cases} \quad (2-85)$$

对于简支钢–混组合梁，把边界条件式（2–83）代入振型方程式（2–72），可得系数矩阵 $\boldsymbol{K}$ 为：

$$\boldsymbol{K} = \begin{bmatrix} 0 & 1 & 0 & 1 & 0 & 1 & 0 & 1 \\ 0 & \lambda_1^2 & 0 & \lambda_2^2 & 0 & \lambda_3^2 & 0 & -\lambda_4^2 \\ 0 & \lambda_1^4 & 0 & \lambda_2^4 & 0 & \lambda_3^4 & 0 & \lambda_4^4 \\ 0 & \lambda_1^6 & 0 & \lambda_2^6 & 0 & \lambda_3^6 & 0 & -\lambda_4^6 \\ SH_1 & CH_1 & SH_2 & CH_2 & SH_3 & CH_3 & S_4 & C_4 \\ \lambda_1^2 SH_1 & \lambda_1^2 CH_1 & \lambda_2^2 SH_2 & \lambda_2^2 CH_2 & \lambda_3^2 SH_3 & \lambda_3^2 CH_3 & -\lambda_4^2 S_4 & -\lambda_4^2 C_4 \\ \lambda_1^4 SH_1 & \lambda_1^4 CH_1 & \lambda_2^4 SH_2 & \lambda_2^4 CH_2 & \lambda_3^4 SH_3 & \lambda_3^4 CH_3 & \lambda_4^4 S_4 & \lambda_4^4 C_4 \\ \lambda_1^6 SH_1 & \lambda_1^6 CH_1 & \lambda_2^6 SH_2 & \lambda_2^6 CH_2 & \lambda_3^6 SH_3 & \lambda_3^6 CH_3 & -\lambda_4^6 S_4 & -\lambda_4^6 C_4 \end{bmatrix}$$

$$(2-86)$$

式中，$SH_i = \sinh\lambda_i L$，$CH_i = \cosh\lambda_i L$，（$i=1, 2, 3$）；$S_4 = \sin\lambda_4 L$，$C_4 = \cos\lambda_4 L$。

再由 $\det \boldsymbol{K} = 0$，可得：

$$\left(\lambda_2^2 - \lambda_1^2 \right)^2 \Omega_1^2 \Psi_1^2 \sinh\lambda_1 L \sinh\lambda_2 L \sinh\lambda_3 L \sin\lambda_4 L = 0 \quad (2-87)$$

$$
\begin{cases}
\varOmega_1 = \lambda_3^4 - \lambda_1^4 - \left(\lambda_3^2 - \lambda_1^2\right)\left(\lambda_1^2 + \lambda_2^2\right) \\[2mm]
\varOmega_2 = \lambda_3^6 - \lambda_1^6 - \left(\lambda_3^2 - \lambda_1^2\right)\dfrac{\lambda_1^4 + \lambda_1^2\lambda_2^2 + \lambda_2^4}{\lambda_1^2 + \lambda_2^2} \\[2mm]
\varXi_1 = \lambda_4^4 - \lambda_1^4 + \left(\lambda_1^2 + \lambda_4^2\right)\left(\lambda_1^2 + \lambda_2^2\right) \\[2mm]
\varXi_2 = \left(\lambda_4^6 + \lambda_1^6\right) - \left(\lambda_4^2 + \lambda_1^2\right)\dfrac{\lambda_1^4 + \lambda_1^2\lambda_2^2 + \lambda_2^4}{\lambda_1^2 + \lambda_2^2} \\[2mm]
\varPsi_1 = -\varXi_2 - \varXi_1\dfrac{\varOmega_2}{\varOmega_1}
\end{cases} \tag{2-88}
$$

显然，只有当 $\sin(\lambda_4 L)=0$ 时，式（2-87）才成立，即 $\lambda_4 = n\pi/L$。因此，基于 Shear 组合梁理论，考虑剪切变形和界面相对滑移影响的钢-混组合梁的振型为：

$$
W(x) = \sin\frac{n\pi x}{L} \tag{2-89}
$$

该式与基于 Euler-Bernoulli 组合梁理论获得的钢-混组合梁振型完全一致，均为正弦波，说明剪切变形对简支钢-混组合梁的振型无影响。

把 $\lambda = \pm\lambda_4\mathrm{i}$ 代入仅考虑剪切变形的钢-混组合梁运动微分方程的特征方程式（2-78）中，可得钢-混组合梁自振频率的解析表达式：

$$
\omega_n = \eta_n\omega_{\mathrm{f}} = \eta_n\frac{(n\pi)^2}{L^2}\sqrt{\frac{EI_{\mathrm{f}}}{m}} \tag{2-90}
$$

$$
\eta_n = \sqrt{\frac{(n\pi)^4\mu + (n\pi)^2\varsigma^4\left(\dfrac{\kappa}{\chi+1} + \alpha\mu + \gamma\mu\right) + \alpha\kappa\varsigma^6}{(n\pi)^6 + (n\pi)^4\varsigma^2(\alpha+\gamma+\delta) + (n\pi)^2\varsigma^4(\kappa+\beta\kappa+\alpha\delta) + \alpha\kappa\varsigma^6}} \tag{2-91}
$$

$$
\alpha = \frac{Kh^2}{EA},\ \beta = \frac{Kh_{\mathrm{s}}^2}{GA_{\mathrm{s}}} + \frac{Kh_{\mathrm{c}}^2}{GA_{\mathrm{c}}},\ \gamma = \frac{Kh^2h_{\mathrm{s}}^2}{EI_{\mathrm{s}}} + \frac{Kh^2h_{\mathrm{c}}^2}{EI_{\mathrm{c}}},\ \chi = \frac{EAh^2}{EI} \tag{2-92}
$$

$$
\delta = \left(\frac{GA_{\mathrm{s}}h^2}{EI_{\mathrm{s}}} + \frac{GA_{\mathrm{c}}h^2}{EI_{\mathrm{c}}}\right),\ \kappa = \frac{GA_{\mathrm{s}}GA_{\mathrm{c}}h^4}{EI_{\mathrm{s}}EI_{\mathrm{c}}},\ \mu = \frac{GAh^2}{EI_{\mathrm{f}}},\ \varsigma = \frac{L}{h} \tag{2-93}
$$

式中，η_n 为由于界面相对滑移和剪切变形产生的频率折减系数；α、β、γ、

χ、δ、κ、μ、ς均为无量纲系数。α、β、γ是与剪力键刚度相关的组合系数；χ为与子梁抗弯刚度比相关的系数；δ、κ、μ为与剪切弯曲刚度比相关的系数；ς为与高跨比相关的系数。

当钢−混组合梁的剪切模量G_c和G_s为无穷大时，即为不考虑剪切变形的影响的 Euler−Bernoulli 组合梁理论，则频率折减系数η_n退化为：

$$\eta_n = \sqrt{1 - \frac{\chi(n\pi)^2}{(1+\chi)\left[\alpha^* + (n\pi)^2\right]}} = \sqrt{1 - \frac{(EAhn\pi)^2}{EI_f\left[EA(n\pi)^2 + KL^2\right]}} \quad (2-94)$$

$$\alpha^* = \frac{KL^2}{EA} \quad (2-95)$$

式（2−94）与式（2−29）完全一致，进一步说明了式（2−90）获得的考虑剪切变形的钢−混组合梁频率计算公式是正确的。

2.4 算例验证

本节以文献[90]中的数值算例为研究对象，通过与既有方法和 ANSYS 有限元结果对比，验证本章中 Timoshenko 组合梁理论和 Shear 组合梁理论的正确性。进而对比分析了 Timoshenko 组合梁理论（不等剪切角假定）、Timoshenko 组合梁理论（等剪切角假定）、Shear 组合梁理论和 Euler-Bernoulli 组合梁理论的数值计算结果，说明 4 种计算理论的优缺点。

2.4.1 算例描述

数值算例 1 是由混凝土和木材组成的单跨组合梁。其横截面构造如图 2−4 所示，为了表述方便，把上下两层子梁分别标注为 c 和 w。子梁的材料属性分别为：E_c=12 GPa，G_c=5 GPa，ρ_c=2 400 kg/m³；E_w=8 GPa，G_w=3 GPa，ρ_w=500 kg/m³，K=50 MPa。结构特性为：A_c=0.015 m²，I_c=3.125×10⁻⁶ m⁴；A_w=0.007 5 m²，I_w=1.406 25×10⁻⁵ m⁴，L=4.0 m。

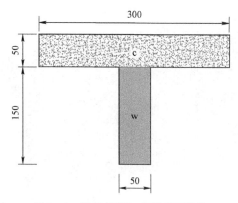

图 2-4　数值算例 1 的横截面构造

工程中，单跨梁的常见边界条件有以下 4 种：悬臂（C-F）、两端简支（S-S）、固支-简支（C-S）和两端固支（C-C）。其示意图如图 2-5 所示。

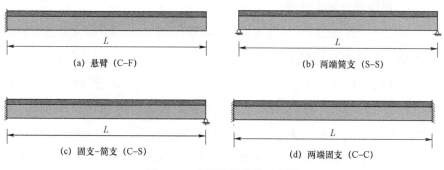

(a) 悬臂（C-F）　　　　　　　　　　(b) 两端简支（S-S）

(c) 固支-简支（C-S）　　　　　　　　(d) 两端固支（C-C）

图 2-5　典型边界条件示意图

2.4.2　ANSYS 有限元模型

为了对比验证本章中的 Timoshenko 组合梁理论和 Shear 组合梁理论，采用 ANSYS 有限元软件，建立上述数值算例 1 的有限元模型。采用 SOLID65 单元模拟混凝土板和木梁，单元大小均为 $0.05\,\mathrm{m} \times 0.05\,\mathrm{m} \times 0.05\,\mathrm{m}$；采用 COMBIN39 三维弹簧单元模拟剪力键的连接，并使得混凝土板和木梁竖向和平面外方向耦合，而水平向可以相对滑动。该数值模型的局部构造如图 2-6 所示。

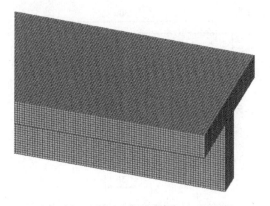

图 2−6 ANSYS 数值模型局部构造图

2.4.3 模型验证及对比讨论

1. 自振频率对比分析

对比分析了 ANSYS 有限元模型、本章的 Timoshenko 组合梁理论模型（考虑剪切变形和转动惯量）、Shear 组合梁理论模型（只考虑剪切变形）、文献[54]和本章 Euler-Bernoulli 组合梁理论模型得到的边界条件分别为悬臂、两端简支、固支−简支和两端固支的数值算例的前 10 阶自振频率，对比结果见表 2−1～表 2−4。其中，文献[54]是基于第一种 Timoshenko 组合梁理论，即考虑剪切变形和转动惯量的影响，但假定子梁的剪切角是相同的；本章 Euler-Bernoulli 组合梁理论模型为不考虑剪切变形和转动惯量影响的模型。

表 2−1 悬臂组合梁的前 10 阶自振频率

单位：Hz

阶数	ANSYS 有限元模型	Timoshenko 组合梁理论模型	Shear 组合梁理论模型	文献[54]	Euler-Bernoulli 组合梁理论模型
1	3.988	3.988	3.989（0.03%）	3.99（0.05%）	3.998（0.24%）
2	19.944	19.980	19.985（0.03%）	20.10（0.60%）	20.187（1.03%）
3	48.301	48.286	48.316（0.06%）	48.77（1.00%）	49.165（1.82%）

续表

阶数	ANSYS 有限元模型	Timoshenko 组合梁理论模型	Shear 组合梁理论模型	文献[54]	Euler-Bernoulli 组合梁理论模型
4	85.413	85.168	85.274（0.12%）	86.48（1.54%）	87.602（2.86%）
5	132.332	131.726	131.996（0.20%）	134.58（2.17%）	137.152（4.12%）
6	188.512	187.557	188.118（0.30%）	193.00（2.90%）	198.100（5.62%）
7	253.248	252.340	253.367（0.41%）	261.71（3.71%）	270.871（7.34%）
8	325.436	325.360	327.057（0.52%）	340.26（4.58%）	355.516（9.27%）
9	403.988	405.984	408.588（0.64%）	428.26（5.49%）	452.154（11.37%）
10	487.738	493.494	497.264（0.76%）	525.14（6.41%）	560.788（13.64%）

注：括号中的数字为相对于 Timoshenko 组合梁理论的误差。

表 2-2　简支组合梁的前 10 阶自振频率

单位：Hz

阶数	ANSYS 有限元模型	Timoshenko 组合梁理论模型	Shear 组合梁理论模型	文献[54]	Euler-Bernoulli 组合梁理论模型
1	10.276	10.277	10.278　（0.01%）	10.30（0.25%）	10.323（0.44%）
2	33.137	33.144	33.162（0.05%）	33.36（0.64%）	33.532（1.17%）
3	65.076	65.166	65.239（0.11%）	65.89（1.11%）	66.492（2.03%）
4	106.390	106.844	107.050（0.19%）	108.65（1.69%）	110.182（3.12%）
5	156.772	158.232	158.693（0.29%）	161.98（2.37%）	165.286（4.46%）
6	217.238	218.929	219.808（0.40%）	225.81（3.14%）	232.124（6.03%）
7	286.326	288.313	289.815（0.52%）	299.83（3.99%）	310.845（7.82%）
8	361.243	365.681	368.049（0.65%）	383.59（4.90%）	401.524（9.80%）
9	444.995	450.323	453.825（0.78%）	476.61（5.84%）	504.201（11.96%）
10	536.455	541.558	546.485（0.91%）	577.34（6.61%）	618.898（14.28%）

注：括号中的数字为相对于 Timoshenko 组合梁理论的误差。

表2-3 固支-简支组合梁的前10阶自振频率

单位：Hz

阶数	ANSYS 有限元模型	Timoshenko 组合梁理论模型	Shear 组合梁理论模型	文献[54]	Euler-Bernoulli 组合梁理论模型
1	14.116	14.128	14.130 （0.01%）	14.20 （0.51%）	14.255 （0.90%）
2	38.884	38.885	38.907 （0.06%）	39.26 （0.96%）	39.542 （1.69%）
3	73.288	73.231	73.317 （0.12%）	74.31 （1.47%）	75.194 （2.68%）
4	117.286	117.260	117.492 （0.20%）	119.73 （2.11%）	121.848 （3.91%）
5	170.426	170.807	171.308 （0.29%）	175.65 （2.84%）	180.003 （5.38%）
6	231.751	233.388	234.326 （0.40%）	241.91 （3.65%）	249.913 （7.08%）
7	301.969	304.370	305.948 （0.52%）	318.14 （4.52%）	331.707 （8.98%）
8	379.490	383.065	385.519 （0.64%）	403.89 （5.44%）	425.455 （11.07%）
9	463.698	468.789	472.380 （0.77%）	498.65 （6.37%）	531.194 （13.31%）
10	554.381	560.896	565.904 （0.89%）	601.88 （7.31%）	648.946 （15.70%）

注：括号中的数字为相对于 Timoshenko 组合梁理论的误差。

表2-4 两端固支组合梁的前10阶自振频率

单位：Hz

阶数	ANSYS 有限元模型	Timoshenko 组合梁理论模型	Shear 组合梁理论模型	文献[54]	Euler-Bernoulli 组合梁理论模型
1	18.595	18.557	18.559 （0.01%）	18.70 （0.77%）	18.806 （1.34%）
2	45.305	45.098	45.122 （0.05%）	45.67 （1.27%）	46.125 （2.28%）
3	82.450	81.891	81.988 （0.12%）	83.41 （1.85%）	84.672 （3.40%）
4	129.219	128.193	128.449 （0.20%）	131.46 （2.55%）	134.307 （4.77%）
5	185.253	183.816	184.358 （0.29%）	189.92 （3.32%）	195.528 （6.37%）
6	249.671	248.183	249.177 （0.40%）	258.52 （4.17%）	268.504 （8.19%）
7	321.470	320.679	322.328 （0.51%）	336.89 （5.06%）	353.370 （10.19%）

阶数	ANSYS 有限元 模型	Timoshenko 组 合梁理论模型	Shear 组合梁理 论模型	文献[54]	Euler-Bernoulli 组 合梁理论模型
8	399.499	400.624	403.157（0.63%）	424.55（5.97%）	450.180（12.37%）
9	482.666	487.371	491.040（0.75%）	520.98（6.90%）	558.978（14.69%）
10	575.933	580.299	585.373（0.87%）	625.64（7.81%）	679.784（17.14%）

注：括号中的数字为相对于 Timoshenko 组合梁理论的误差。

表 2-1～表 2-4 的对比分析结果表明，Timoshenko 组合梁理论模型计算结果与 ANSYS 有限元结果基本一致，验证了本章 Timoshenko 组合梁理论模型的正确性。对比 Timoshenko 组合梁理论模型和 Shear 组合梁理论模型，可知与剪切变形相比，转动惯量对组合梁自振频率的影响不明显，本例而言，转动惯量造成的最大误差仅为 0.91%，其发生在简支组合梁的第 10 阶频率处。对比 Timoshenko 组合梁理论模型和 Euler-Bernoulli 组合梁理论模型，可知剪切变形对组合梁自振频率的影响十分明显，且振型的阶数越高、梁端约束越强，该影响越明显。对比 Timoshenko 组合梁理论模型和文献[54]，可知考虑剪切变形和转动惯量，但假定子梁剪切角相同仍然会高估组合梁的自振频率。

综上所述，动力分析时，不可忽略剪切变形的影响，且不可假定子梁的剪切角相等。初步判断，转动惯量对组合梁动力性能的影响可以忽略不计，这一结论在第 3 章中进行了详细讨论。相比于 Timoshenko 组合梁理论模型，Shear 组合梁理论模型的运动方程更加简洁，便于工程使用，且与 Timoshenko 组合梁理论模型之间的误差很小，因此，进行组合梁动力分析时，可使用 Shear 组合梁理论。

2. 振型对比分析

对比讨论了 Shear 组合梁理论（只考虑剪切变形）与 Euler-Bernoulli 组合梁理论获得的 4 种典型边界条件下组合梁的振型，说明剪切变形对组合梁振型的影响,数值算例 1 的前 3 阶振型对比如图 2-7 所示。

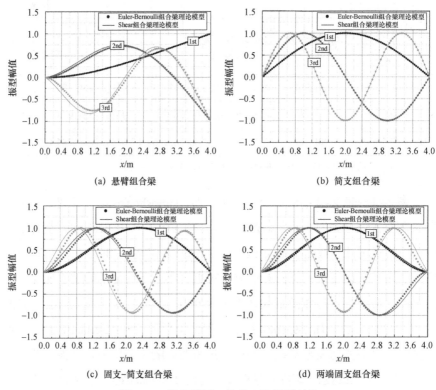

(a) 悬臂组合梁　　　　　　　　　　　(b) 简支组合梁

(c) 固支-简支组合梁　　　　　　　　　(d) 两端固支组合梁

图 2-7　数值算例 1 的前 3 阶振型对比

图 2-7 对比结果表明,剪切变形对简支组合梁的振型无影响,其振型仍然为正弦波 $[\sin(n\pi x/L)]$;而对于其他 3 种边界条件的组合梁,忽略剪切变形会使获得的振型函数产生误差,而且振型的阶数越高,误差越明显。

2.5　小　　结

本章基于 Euler-Bernoulli 梁理论,采用能量变分法,回顾了钢-混组合梁运动微分方程的推导过程。随后基于 Timoshenko 梁理论,推导了考虑剪切变形、转动惯量和界面相对滑移影响的钢–混组合梁的运动微分方程，给出了单跨钢–混组合梁（悬臂、两端简支、固支–简支和两端固支）自振特性的求解过程。最后，通过数值算例验证了本章理论的正确性，并初步分析了剪切变形和转动惯量对组合梁频率和振型的影响，归纳提出了 Shear 组合梁理论。主要结论如下：

（1）考虑剪切变形和界面相对滑移的影响后，组合梁的运动微分方程变为更加复杂的 8 阶偏微分方程，但仍可以得到简支组合梁频率和振型的解析表达式。另外，考虑剪切变形后，简支组合梁的振型仍然为正弦波。

（2）同时考虑剪切变形、转动惯量和界面相对滑移的影响后，钢–混组合梁的运动微分方程变得异常复杂，无法求解简支钢–混组合梁的自振特性解析解，可采用迭代法求解其自振频率和振型。但数值算例的初步分析结果表明，转动惯量对组合梁自振特性的影响很小，可以忽略。

（3）剪切变形对单跨组合梁和连续组合梁自振频率的影响不可忽略，且不可假定子梁的剪切角是相等的；频率的阶数越高，约束越强，剪切变形的影响越明显。

（4）总结本章研究成果，钢–混组合梁动力分析时可采用以下基本假定：

① 考虑剪切变形的影响，且假定混凝土板和钢梁的剪切角是不同的；

② 忽略转动惯量的影响；

③ 混凝土板和钢梁均满足小变形、线弹性假定；

④ 子梁间可沿梁长方向相对滑动，而不可竖向掀起脱离；

⑤ 子梁间的剪力全部由沿梁长均匀分布的剪力键承担，界面相对滑移量 u_{cs} 与剪力键承受的剪力 Q 成正比关系，剪力键的等效剪切刚度为常量 K。

根据以上组合梁动力分析理论基本假定的特点，可以把该理论称为"Shear 组合梁理论"。

第 3 章　连续钢–混组合梁的动力分析

3.1　基本分析模型

本节旨在基于 Shear 组合梁理论，提出连续钢–混组合梁的动力分析方法。以一孔 n 跨连续钢–混组合梁为研究对象，计算模型如图 3–1 所示。为了分析连续钢–混组合梁的动力性能，将其中间支撑等效为未知反力 $R_j(t)$ $(j=1, 2, \cdots, n-1)$，施加到梁上。中间支座未知反力可以写为：

$$R_j(x,t) = \delta(x - x_j) R_j \sin(\omega t + \varphi) \qquad (3\text{--}1)$$

式中，ω 为连续钢–混组合梁的自振频率；φ 为外荷载初始相位角；$\delta(x-x_\mathrm{f})$ 为 Dirac 函数，表达式为：

$$\delta(x-\eta) = \begin{cases} \infty & x = \eta \\ 0 & x \neq \eta \end{cases} \qquad (3\text{--}2)$$

其具有以下性质：

$$\int_{-\infty}^{+\infty} \delta(x-\eta) f(x) \mathrm{d}x = f(\eta) \qquad (3\text{--}3)$$

$$\int_a^b \delta(x-\eta) f(x) \mathrm{d}x = \begin{cases} 0 & \eta < a < b \\ f(\eta) & a \leqslant \eta \leqslant b \\ 0 & a < b < \eta \end{cases} \qquad (3\text{--}4)$$

$$\int_a^b f(x) \frac{\mathrm{d}^n \delta(x-\eta)}{\mathrm{d}x^n} \mathrm{d}x = (-1)^n \left[\frac{\mathrm{d}^n f(x)}{\mathrm{d}x^n} \right]\bigg|_{x=\eta} \quad a \leqslant \eta \leqslant b \qquad (3\text{--}5)$$

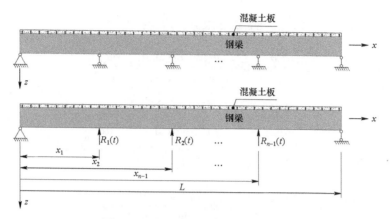

图 3-1　连续钢–混组合梁计算模型

3.2　振型函数分析

为求解连续钢–混组合梁的振型函数，首先在 2.3 节运动微分方程的基础上，对忽略转动惯量，仅考虑剪切变形和界面相对滑移影响（Shear 组合梁理论）的承受竖向外荷载的钢–混组合梁运动微分方程进行推导。

如果钢–混组合梁承受大小为 $f(x,t)$ 的竖向外荷载，并忽略转动惯量，仅考虑剪切变形和界面相对滑移的影响，则其运动微分方程式（2-47）～式（2-50）变为：

$$\delta u_{cs}: \quad EA\left(\frac{\partial^2 u_{cs}}{\partial x^2} - h_s\frac{\partial^2 \theta_s}{\partial x^2} - h_c\frac{\partial^2 \theta_c}{\partial x^2}\right) - Ku_{cs} = 0 \qquad (3-6)$$

$$\delta \theta_s: \quad EI_s\frac{\partial^2 \theta_s}{\partial x^2} + GA_s\left(\frac{\partial w}{\partial x} - \theta_s\right) - Kh_s u_{cs} = 0 \qquad (3-7)$$

$$\delta \theta_c: \quad EI_c\frac{\partial^2 \theta_c}{\partial x^2} + GA_c\left(\frac{\partial w}{\partial x} - \theta_c\right) - Kh_c u_{cs} = 0 \qquad (3-8)$$

$$\delta w: \quad GA_s\left(\frac{\partial^2 w}{\partial x^2} - \frac{\partial \theta_s}{\partial x}\right) + GA_c\left(\frac{\partial^2 w}{\partial x^2} - \frac{\partial \theta_c}{\partial x}\right) - m\ddot{w} = -f \qquad (3-9)$$

式（3-7）和式（3-8）对 x 求导，可得：

$$EI_s \frac{\partial^3 \theta_s}{\partial x^3} + GA_s \left(\frac{\partial^2 w}{\partial x^2} - \frac{\partial \theta_s}{\partial x} \right) - Kh_s \frac{\partial u_{cs}}{\partial x} = 0 \qquad (3-10)$$

$$EI_c \frac{\partial^3 \theta_c}{\partial x^3} + GA_c \left(\frac{\partial^2 w}{\partial x^2} - \frac{\partial \theta_c}{\partial x} \right) - Kh_c \frac{\partial u_{cs}}{\partial x} = 0 \qquad (3-11)$$

把式（3-9）代入式（3-10），可得：

$$\frac{EI_s GA_c}{GA_s} \frac{\partial^3 \theta_c}{\partial x^3} + GA_c \left(\frac{\partial^2 w}{\partial x^2} - \frac{\partial \theta_c}{\partial x} \right) + Kh_s \frac{\partial u_{cs}}{\partial x}$$

$$= \frac{EI_s GA}{GA_s} \frac{\partial^4 w}{\partial x^4} - \frac{EI_s}{GA_s} \left(m \frac{\partial^2 \ddot{w}}{\partial x^2} - \frac{\partial^2 f}{\partial x^2} \right) + m\ddot{w} - f \qquad (3-12)$$

联立式（3-11）和式（3-12），可得：

$$\frac{\partial \theta_c}{\partial x} = \frac{K \left(\dfrac{GA_c}{EI_c} h_c + \dfrac{GA_s}{EI_s} h_s \right) \dfrac{\partial u_{cs}}{\partial x} - GA \dfrac{\partial^4 w}{\partial x^4}}{GA_c \left(\dfrac{GA_s}{EI_s} - \dfrac{GA_c}{EI_c} \right)} + \frac{\dfrac{\partial^2 F}{\partial x^2} - \dfrac{GA_s}{EI_s} F}{GA_c \left(\dfrac{GA_s}{EI_s} - \dfrac{GA_c}{EI_c} \right)} + \frac{\partial^2 w}{\partial x^2} \quad (3-13)$$

式中，$F = m\ddot{w} - f$。

同理可得：

$$\frac{\partial \theta_s}{\partial x} = \frac{K \left(\dfrac{GA_c}{EI_c} h_c + \dfrac{GA_s}{EI_s} h_s \right) \dfrac{\partial u_{cs}}{\partial x} - GA \dfrac{\partial^4 w}{\partial x^4}}{GA_s \left(\dfrac{GA_c}{EI_c} - \dfrac{GA_s}{EI_s} \right)} + \frac{\dfrac{\partial^2 F}{\partial x^2} - \dfrac{GA_c}{EI_c} F}{GA_s \left(\dfrac{GA_c}{EI_c} - \dfrac{GA_s}{EI_s} \right)} + \frac{\partial^2 w}{\partial x^2}$$

$$(3-14)$$

将式（3-14）代入式（3-7），可得：

$$\frac{K}{GA} \left(\frac{GA_c}{EI_c} h_c + \frac{GA_s}{EI_s} h_s \right) \frac{\partial^3 u_{cs}}{\partial x^3} - \frac{KhGA_f}{EI_s EI_c} \frac{\partial u_{cs}}{\partial x}$$

$$= \frac{\partial^6 w}{\partial x^6} - \frac{GA_f EI}{EI_s EI_c} \frac{\partial^4 w}{\partial x^4} - \frac{1}{GA} \frac{\partial^4 F}{\partial x^4} + \frac{1}{GA} \left(\frac{GA_c}{EI_c} + \frac{GA_s}{EI_s} \right) \frac{\partial^2 F}{\partial x^2} - \frac{GA_f}{EI_s EI_c} F$$

$$(3-15)$$

将式（3–13）和式（3–14）代入式（3–6），可得：

$$\left[\frac{GA_s}{EI_s}-\frac{GA_c}{EI_c}+K\left(\frac{h_s}{GA_s}-\frac{h_c}{GA_c}\right)\left(\frac{GA_c}{EI_c}h_c+\frac{GA_s}{EI_s}h_s\right)\right]\frac{\partial^2 u_{cs}}{\partial x^2}-$$

$$\frac{K}{EA}\left(\frac{GA_s}{EI_s}-\frac{GA_c}{EI_c}\right)u_{cs}$$

$$=\left(\frac{h_s}{GA_s}-\frac{h_c}{GA_c}\right)\left(GA\frac{\partial^5 w}{\partial x^5}-\frac{\partial^3 F}{\partial x^3}\right)+\left(\frac{h_s GA_c}{GA_s EI_c}-\frac{h_c GA_s}{GA_c EI_s}\right)\frac{\partial F}{\partial x}+$$

$$\left(\frac{GA_s}{EI_s}-\frac{GA_c}{EI_c}\right)h\frac{\partial^3 w}{\partial x^3} \tag{3-16}$$

联立式（3–15）和式（3–16），消去 u_{cs}，可得钢–混组合梁竖向振动的运动微分方程的最终形式：

$$\frac{\partial^8 w(x,t)}{\partial x^8}-\eta_{31}\frac{\partial^6 w(x,t)}{\partial x^6}+\eta_{21}\frac{\partial^4 w(x,t)}{\partial x^4}-\eta_{32}m\frac{\partial^8 w(x,t)}{\partial x^6 \partial t^2}+$$

$$\eta_{22}m\frac{\partial^6 w(x,t)}{\partial x^4 \partial t^2}-\eta_1 m\frac{\partial^4 w(x,t)}{\partial x^2 \partial t^2}+\eta_0 m\frac{\partial^2 w(x,t)}{\partial t^2}$$

$$=-\eta_{32}\frac{\partial^6 f(x,t)}{\partial x^6}+\eta_{22}\frac{\partial^4 f(x,t)}{\partial x^4}-\eta_1\frac{\partial^2 f(x,t)}{\partial x^2}+\eta_0 f(x,t) \tag{3-17}$$

式中，系数 η_i 与式（2–79）～式（2–81）相同。若 $f(x,t)=0$，式（3–17）的特征方程即为式（2–78），说明本节及 2.3 节中的推导过程是正确的。

把式（3–1）代入式（3–17），并采用式（3–18）对连续钢–混组合梁的运动微分方程进行变量分离解耦，

$$w(x,t)=\phi(x)\sin(\overline{\omega}t+\varphi) \tag{3-18}$$

可得：

$$\frac{d^8\phi(x)}{dx^8}-\left(\eta_{31}-\eta_{32}m\overline{\omega}^2\right)\frac{d^6\phi(x)}{dx^6}+\left(\eta_{21}-\eta_{22}m\overline{\omega}^2\right)\frac{d^4\phi(x)}{dx^4}+$$

$$\eta_1 m\overline{\omega}^2\frac{d^2\phi(x)}{dx^2}-\eta_0 m\overline{\omega}^2\phi(x)=\sum_{j=1}^{n-1}\overline{R}_j \tag{3-19}$$

$$\bar{R}_j = D\delta(x - x_j)R_j \tag{3-20}$$

$$D = \eta_{32}\frac{\mathrm{d}^6}{\mathrm{d}x^6} - \eta_{22}\frac{\mathrm{d}^4}{\mathrm{d}x^4} + \eta_1\frac{\mathrm{d}^2}{\mathrm{d}x^2} - \eta_0 \tag{3-21}$$

对式（3-19）进行 Laplace 变换，可得：

$$L[\phi] = \frac{\sum\limits_{i=0}^{7}\Gamma_i\phi^{(i)}(0) + \left(\eta_{32}s^6 - \eta_{22}s^4 + \eta_1 s^2 - \eta_0\right)\sum\limits_{j=1}^{n-1}R_j\mathrm{e}^{-sx_j}}{s^8 - \left(\eta_{31} - \eta_{32}m\bar{\omega}^2\right)s^6 + \left(\eta_{21} - \eta_{22}m\bar{\omega}^2\right)s^4 + \eta_1 m\bar{\omega}^2 s^2 - \eta_0 m\bar{\omega}^2}$$

$$\tag{3-22}$$

式中，s 为 Laplace 变换参数；系数 Γ_i（$i=0,1,\cdots,7$）为：

$$\begin{cases}\Gamma_0 = s^7 - \left(\eta_{31} - \eta_{32}m\bar{\omega}^2\right)s^5 + \left(\eta_{21} - \eta_{22}m\bar{\omega}^2\right)s^3 + \eta_1 m\bar{\omega}^2 s \\ \Gamma_1 = s^6 - \left(\eta_{31} - \eta_{32}m\bar{\omega}^2\right)s^4 + \left(\eta_{21} - \eta_{22}m\bar{\omega}^2\right)s^2 + \eta_1 m\bar{\omega}^2 \\ \Gamma_2 = s^5 - \left(\eta_{31} - \eta_{32}m\bar{\omega}^2\right)s^3 + \left(\eta_{21} - \eta_{22}m\bar{\omega}^2\right)s \\ \Gamma_3 = s^4 - \left(\eta_{31} - \eta_{32}m\bar{\omega}^2\right)s^2 + \left(\eta_{21} - \eta_{22}m\bar{\omega}^2\right) \\ \Gamma_4 = s^3 - \left(\eta_{31} - \eta_{32}m\bar{\omega}^2\right)s \\ \Gamma_5 = s^2 - \left(\eta_{31} - \eta_{32}m\bar{\omega}^2\right) \\ \Gamma_6 = s \\ \Gamma_7 = 1 \end{cases} \tag{3-23}$$

然后，对式（3-22）进行 Laplace 逆变换，可得连续钢-混组合梁的振型函数：

$$\begin{aligned}\phi(x) = {} & A_1\sinh(\lambda_1 x) + A_2\cosh(\lambda_1 x) + A_3\sinh(\lambda_2 x) + A_4\cosh(\lambda_2 x) + \\ & A_5\sinh(\lambda_3 x) + A_6\cosh(\lambda_3 x) + A_7\sin(\lambda_4 x) + A_8\cos(\lambda_4 x) - \\ & \sum_{j=1}^{n-1}\sum_{i=1}^{4}R_j X_i H(x - x_j)\end{aligned} \tag{3-24}$$

$$\begin{cases} X_1 = \Upsilon_1 \sinh \lambda_1 (x - x_j) \\ X_2 = \Upsilon_2 \sinh \lambda_2 (x - x_j) \\ X_3 = \Upsilon_3 \sinh \lambda_3 (x - x_j) \\ X_4 = \Upsilon_4 \sin \lambda_4 (x - x_j) \end{cases} \qquad (3-25)$$

$$\begin{cases} \Upsilon_1 = \dfrac{\eta_{32}\lambda_1^6 - \eta_{22}\lambda_1^4 + \eta_1\lambda_1^2 - \eta_0}{4\lambda_1^7 - 3\left(\eta_{31} - \eta_{32}m\overline{\omega}^2\right)\lambda_1^5 + 2\left(\eta_{21} - \eta_{22}m\overline{\omega}^2\right)\lambda_1^3 + \eta_1 m\overline{\omega}^2 \lambda_1} \\[4mm] \Upsilon_2 = \dfrac{\eta_{32}\lambda_2^6 - \eta_{22}\lambda_2^4 + \eta_1\lambda_2^2 - \eta_0}{4\lambda_2^7 - 3\left(\eta_{31} - \eta_{32}m\overline{\omega}^2\right)\lambda_2^5 + 2\left(\eta_{21} - \eta_{22}m\overline{\omega}^2\right)\lambda_2^3 + \eta_1 m\overline{\omega}^2 \lambda_2} \\[4mm] \Upsilon_3 = \dfrac{\eta_{32}\lambda_3^6 - \eta_{22}\lambda_3^4 + \eta_1\lambda_3^2 - \eta_0}{4\lambda_3^7 - 3\left(\eta_{31} - \eta_{32}m\overline{\omega}^2\right)\lambda_3^5 + 2\left(\eta_{21} - \eta_{22}m\overline{\omega}^2\right)\lambda_3^3 + \eta_1 m\overline{\omega}^2 \lambda_3} \\[4mm] \Upsilon_4 = \dfrac{\eta_{32}\lambda_4^6 + \eta_{22}\lambda_4^4 + \eta_1\lambda_4^2 + \eta_0}{4\lambda_4^7 + 3\left(\eta_{31} - \eta_{32}m\overline{\omega}^2\right)\lambda_4^5 + 2\left(\eta_{21} - \eta_{22}m\overline{\omega}^2\right)\lambda_4^3 - \eta_1 m\overline{\omega}^2 \lambda_4} \end{cases} \qquad (3-26)$$

式中，未知支座反力 R_j（$j=1,2,\cdots,n-1$）和未知系数 A_i（$i=1,2,\cdots,8$）由连续钢–混组合梁的中间支撑边界条件和梁端边界条件确定；$H(x-\eta)$ 是 Heaviside 函数，其表达式为：

$$H(x-\eta) = \begin{cases} 1 & x = \eta \\ 0 & x \neq \eta \end{cases} \qquad (3-27)$$

式（3-24）～式（3-26）中的 λ_i（$i=1,2,3,4$）由钢–混组合梁运动微分方程的特征方程确定，即式（2-87）。

钢–混组合梁梁端的边界条件已由式（2-73）～式（2-76）给出。中间支撑 $x=x_j$ 处的边界条件为：

$$\phi(x_j) = 0 \qquad (3-28)$$

对于 n 跨连续钢–混组合梁，把梁端边界条件和中间支撑边界条件代入式（3-24）可得（$n+7$）个关于未知支座反力 R_j（$j=1, 2, \cdots, n-1$）和未知系数 A_i（$i=1, 2, \cdots, 8$）的线性方程为：

$$NR = \begin{bmatrix} N_{11} & \cdots & N_{1,n-1} & N_{1n} & \cdots & N_{1,n+7} \\ \vdots & & \vdots & \vdots & & \vdots \\ N_{n-1,1} & \cdots & N_{n-1,n-1} & N_{n-1,n} & \cdots & N_{n-1,n+7} \\ N_{n1} & \cdots & N_{n,n-1} & N_{nn} & \cdots & N_{n,n+7} \\ \vdots & & \vdots & \vdots & & \vdots \\ N_{n+7,1} & \cdots & N_{n+7,n-1} & N_{n+7,n} & \cdots & N_{n+7,n+7} \end{bmatrix} \begin{bmatrix} R_1 \\ \vdots \\ R_{n-1} \\ A_1 \\ \vdots \\ A_8 \end{bmatrix} = \begin{bmatrix} 0 \\ \vdots \\ 0 \\ 0 \\ \vdots \\ 0 \end{bmatrix}$$

$$(3-29)$$

把连续钢-混组合梁的梁端边界条件式（2-83）代入式（3-24），可得：

$$A_2 = A_4 = A_6 = A_8 = 0 \qquad (3-30)$$

$$\begin{cases} A_1 = \sum_{j=1}^{n-1} R_j \Upsilon_1 \dfrac{\sinh \lambda_1 (L - x_j)}{\sinh(\lambda_1 L)} \\[3mm] A_3 = \sum_{j=1}^{n-1} R_j \Upsilon_2 \dfrac{\sinh \lambda_2 (L - x_j)}{\sinh(\lambda_2 L)} \\[3mm] A_5 = \sum_{j=1}^{n-1} R_j \Upsilon_3 \dfrac{\sinh \lambda_3 (L - x_j)}{\sinh(\lambda_3 L)} \\[3mm] A_7 = \sum_{j=1}^{n-1} R_j \Upsilon_4 \dfrac{\sin \lambda_4 (L - x_j)}{\sin(\lambda_4 L)} \end{cases} \qquad (3-31)$$

把式（3-30）和式（3-31）代入式（3-24）后，振型函数可以重写为：

$$\phi(x) = \sum_{j=1}^{n-1} R_j \Upsilon_1 \left[\frac{\sinh \lambda_1 (L - x_j)}{\sinh(\lambda_1 L)} \sinh(\lambda_1 x) - \sinh \lambda_1 (x - x_j) H(x - x_j) \right] +$$

$$\sum_{j=1}^{n-1} R_j \Upsilon_2 \left[\frac{\sinh \lambda_2 (L - x_j)}{\sinh(\lambda_2 L)} \sinh(\lambda_2 x) - \sinh \lambda_2 (x - x_j) H(x - x_j) \right] +$$

$$\sum_{j=1}^{n-1} R_j \Upsilon_3 \left[\frac{\sinh \lambda_3 (L - x_j)}{\sinh(\lambda_3 L)} \sinh(\lambda_3 x) - \sinh \lambda_3 (x - x_j) H(x - x_j) \right] +$$

$$\sum_{j=1}^{n-1} R_j \Upsilon_4 \left[\frac{\sin \lambda_4 (L - x_j)}{\sin(\lambda_4 L)} \sin(\lambda_4 x) - \sin \lambda_4 (x - x_j) H(x - x_j) \right]$$

$$(3-32)$$

3.3　自由振动分析

把中间支撑边界条件代入式（3–32），可得以下矩阵：

$$
\boldsymbol{NR} =
\begin{bmatrix}
N_{11} & N_{12} & \cdots & N_{1,n-1} \\
N_{21} & N_{22} & \cdots & N_{2,n-1} \\
\vdots & \vdots & & \vdots \\
N_{n-1,1} & N_{n-1,2} & \cdots & N_{n-1,n-1}
\end{bmatrix}
\begin{bmatrix}
R_1 \\
R_2 \\
\vdots \\
R_{n-1}
\end{bmatrix}
=
\begin{bmatrix}
0 \\
0 \\
\vdots \\
0
\end{bmatrix}
\tag{3–33}
$$

对式（3–33）进行以下两点讨论：

（1）对于跨径为 $n{\times}L$ 的等跨度连续钢–混组合梁，当其振型为反对称模式时，中间支座反力恒为 0，即 $R_j=0$ 恒成立。此时，等跨连续钢–混组合梁的振动特性与同跨径的简支钢–混组合梁相同，图 3-2 所示为两跨的等跨连续钢–混组合梁的振型示意图。因此，等跨连续钢–混组合梁的反对称模态对应的自振频率可由简支钢–混组合梁的自振频率计算式（2–90）求得，即 n 跨的等跨连续钢–混组合梁的第 $[1+(k-1)n]$ 阶自振频率与跨径为 L 的简支钢–混组合梁的第 k 阶自振频率相等，振型为正弦波。

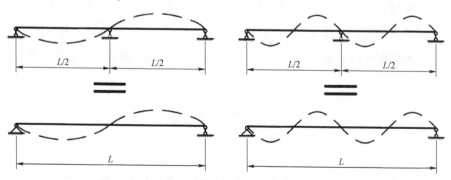

图 3-2　两跨的等跨连续钢–混组合梁振型示意图

（2）对于其他工况，由于 R_j（$j=1, 2, \cdots, n$）不全为 0，因此其系数矩阵行列式为 0，即 $\det\boldsymbol{N}=0$，即可求得连续钢–混组合梁的自振频率及中间支座反力向量 $\boldsymbol{R}$。把自振频率和向量 $\boldsymbol{R}$ 代入式（3–32），即可得到连续钢–混组合梁的振型。

如前所述，对于跨径为 $n \times L$ 的等跨连续钢–混组合梁，其第 $[1+(k-1)n]$ 阶自振频率与跨径为 L 的简支钢–混组合梁的第 k 阶自振频率相等，可由式（2-90）求得。

对于等跨的连续钢–混组合梁的其他模态及不等跨连续钢–混组合梁，采用 Matlab 编制本章动力分析方法计算程序，具体计算流程如下。

步骤 1：首先，假定一个自振频率增量 $\Delta\omega$，设 $\omega_j = \omega_{j-1} + \Delta\omega$，且 $\omega_1 = 0$；

步骤 2：把 ω_j 代入式（2-87），计算 λ_i（$i=1, 2, \cdots, 8$），然后代入式（3-33）中的矩阵 N，得到 ω_j 对应的矩阵 N_j；

步骤 3：求解 $\det N_j$，若 $\det N_j \times \det N_{j-1} < 0$，则设置 $\Delta\omega = -\Delta\omega/2$；

步骤 4：收敛性判断。当 $|\det N_j| <$ 规定误差值后，ω_j 即为所求；否则，令 $\omega_{j+1} = \omega_j$，并重复步骤 1～4。

特别地，当中间支座未知反力也均为 0 时，多跨钢–混组合梁退化为单跨钢–混组合梁。式（3-24）退化为：

$$\phi(x) = A_1 \sinh(\lambda_1 x) + A_2 \cosh(\lambda_1 x) + A_3 \sinh(\lambda_2 x) + A_4 \cosh(\lambda_2 x) + \\ A_5 \sinh(\lambda_3 x) + A_6 \cosh(\lambda_3 x) + A_7 \sin(\lambda_4 x) + A_8 \cos(\lambda_4 x) \quad (3-34)$$

显然，式（3-34）与式（2-72）完全一致。这从侧面验证了本节推导过程的正确性。单跨钢–混组合梁（悬臂、两端简支、固支–简支和两端固支）的自振特性求解过程已在 2.3 节中进行了详细的描述，本节不再赘述。

3.4 算例验证

本节采用文献［53］中的 4 根两跨连续钢–混组合梁作为算例，通过与试验测试结果、ANSYS 有限元模型计算结果和 Euler-Bernoulli 组合梁理论模型计算结果[53]对比，验证本章中连续钢–混组合梁动力分析方法的正确性，并说明连续钢–混组合梁动力分析时考虑剪切变形的必要性。

3.4.1　算例描述

文献［53］中的 4 根两跨连续钢−混组合试验梁的横截面完全相同，仅剪力钉的个数不同，其横截面尺寸如图 3−3 所示。

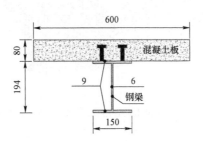

图 3−3　试验梁的横截面尺寸

混凝土板的高度和宽度分别为 80 mm 和 600 mm，材料特性为：ρ_c=24.5 kN/m³，E_c=3.45×10⁴ MPa，G_c=1.437 5×10⁴ MPa；结构特性为：A_c=0.048 m²，I_c=2.56×10⁻⁵ m⁴。钢梁为 HM200×150，材料特性为 ρ_s=78.5 kN/m³，E_s=2.06×10⁵ MPa，G_c=7.923 1×10⁴ MPa；结构特性为：A_s=0.003 811 m²，I_s=2.586×10⁻⁵ m⁴。4 根试验梁的钢混结合面处通过剪力钉传递剪力。根据剪力钉个数不同，4 根试验梁的分界面剪切刚度 K 也不相同。分别为：① SCB−1：311.4 MPa；② SCB−2：384.0 MPa；③ SCB−3：500.9 MPa；④ SCB−4：768.0 MPa。

按照中间支座布置位置的不同，试验梁共计以下两个工况：

工况一：计算跨径为（3.8+3.8）m 的等跨连续钢−混组合梁；

工况二：计算跨径为（2.8+4.8）m 的不等跨连续钢−混组合梁。

3.4.2　ANSYS 有限元模型

为了对比验证本章中连续钢−混组合梁的分析方法，采用 ANSYS 有限元软件，建立上述试验梁的有限元模型。采用 SOLID65 单元模拟混凝土板，单元大小为 0.02 m×0.025 m×0.02 m；采用 SHELL63 单元模拟钢梁，单元大小为 0.025 m×0.02 m；采用 COMBIN39 三维弹簧单元模拟剪力键的连接，并使得混凝土板和木梁竖向和平面外方向耦合，而水平向可以相对滑动。该数值模型的局部构造如图 3-4 所示。

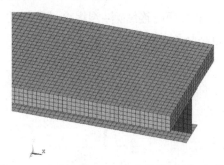

图 3-4　试验梁的 ANSYS 数值模型的局部构造

3.4.3　模型验证及对比讨论

1. 自振频率对比分析

首先对工况一中的等跨连续钢-混组合梁进行分析。对比分析了试验测试、ANSYS 有限元模型、本章动力分析方法和 Euler-Bernoulli 组合梁理论模型[53]获得的 4 根试验梁的前 5 阶自振频率。工况一的频率计算结果见表 3-1，ANSYS 有限元模型计算结果如图 3-5 所示。

表 3-1　工况一中试验梁的前 5 阶自振频率

阶数	试验梁编号	自振频率/Hz			
		试验测试	ANSYS 有限元模型	Euler-Bernoulli 组合梁理论模型[53]	本章动力分析方法
1	SCB - 1	28.74	28.98	29.72	28.68
	SCB - 2	29.99	29.59	30.42	29.33
	SCB - 3	31.25	30.35	31.29	30.13
	SCB - 4	32.52	31.45	32.56	31.28
2	SCB - 1	—	39.52	42.39	39.40
	SCB - 2	—	40.24	43.35	40.23
	SCB - 3	—	41.20	44.65	41.32
	SCB - 4	—	42.81	46.82	43.13

续表

阶数	试验梁编号	自振频率/Hz			
		试验测试	ANSYS 有限元模型	Euler-Bernoulli 组合梁理论模型[53]	本章动力分析方法
3	SCB-1	97.18	94.07	102.33	93.47
	SCB-2	99.54	95.50	104.33	95.14
	SCB-3	102.52	97.52	107.19	97.49
	SCB-4	109.90	101.14	112.41	101.70
4	SCB-1	—	107.38	125.84	109.64
	SCB-2	—	108.53	127.79	111.14
	SCB-3	—	110.19	130.65	113.28
	SCB-4	—	113.27	136.11	117.29
5	SCB-1	194.13	183.40	217.40	184.83
	SCB-2	198.07	184.91	220.04	186.74
	SCB-3	201.37	187.16	224.05	189.60
	SCB-4	205.41	191.60	232.14	195.25

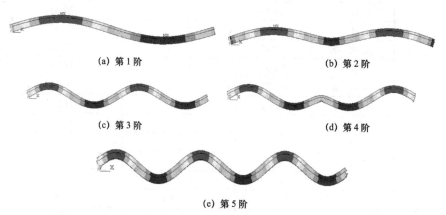

(a) 第 1 阶　　　　　　　　　　　　(b) 第 2 阶

(c) 第 3 阶　　　　　　　　　　　　(d) 第 4 阶

(e) 第 5 阶

图 3-5　工况一的前 5 阶自振频率的 ANSYS 有限元模型计算结果

由表 3-1 可以看出，ANSYS 有限元模型计算所得的第 1、3、5 阶频率与测试结果基本一致；由图 3-5 可以看出，两跨等跨连续钢-混组合梁的奇数阶模态为反对称模态，偶数阶模态为对称模态，与前述分析结果相同。以上振型频率的分析结果说明本章建立的 ANSYS 有限元模型是正确的，可以作为本章动力分析方法验证的依据。相比于 Euler-Bernoulli 组合梁理论模型[53]计算结果，本章动力分析方法计算结果与试验测试结果和 ANSYS 有限元模型计算结果更加接近，且频率的阶数越高，优势越明显，说明连续钢-混组合梁动力性能分析时，尤其是计算其高阶频率时，需要考虑剪切变形的影响。

对工况二中的不等跨连续钢-混组合梁进行分析。以 ANSYS 有限元模型计算结果（如图 3-6 所示）为参考依据，讨论本章动力分析方法对不等跨连续钢-混组合梁动力分析的适用性。各种方法的计算结果见表 3-2。

表 3-2　工况二中试验梁的前 5 阶自振频率

阶数	试验梁编号	自振频率/Hz		
		ANSYS 有限元模型	Euler-Bernoulli 组合梁理论模型[53]	本章动力分析方法
1	SCB－1	23.41	23.43	22.47
	SCB－2	23.52	23.97	22.95
	SCB－3	23.80	24.63	23.55
	SCB－4	24.13	25.60	24.41
2	SCB－1	58.30	58.17	54.32
	SCB－2	59.11	59.52	55.48
	SCB－3	60.09	61.63	57.04
	SCB－4	61.37	64.38	59.61
3	SCB－1	71.66	79.35	71.75
	SCB－2	72.79	80.89	73.02
	SCB－3	73.83	83.07	74.79
	SCB－4	75.56	87.01	77.89
4	SCB－1	140.59	148.59	130.28
	SCB－2	143.76	150.90	132.06
	SCB－3	146.81	154.30	134.65
	SCB－4	152.09	160.86	140.53
5	SCB－1	163.95	201.32	153.15
	SCB－2	168.37	203.77	154.62
	SCB－3	170.93	207.46	156.79
	SCB－4	177.79	214.86	161.03

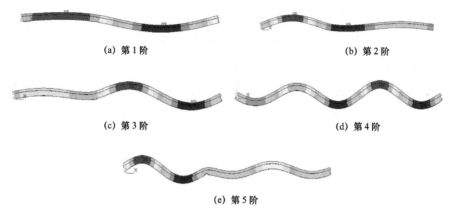

(a) 第 1 阶　　　　　　　　　　　　(b) 第 2 阶

(c) 第 3 阶　　　　　　　　　　　　(d) 第 4 阶

(e) 第 5 阶

图 3−6　工况二的前 5 阶自振频率的 ANSYS 有限元模型计算结果

由图 3−6 可知，不等跨连续钢−混组合梁的奇数阶频率和偶数阶模态不再是反对称和对称模态。由表 3−2 可知，对于不等跨连续钢−混组合梁，本章动力分析方法由于考虑了剪切变形的影响而更加接近于 ANSYS 有限元模型计算结果，说明本章动力分析方法适用于不等跨连续钢−混组合梁的动力性能分析，且具有较高的计算精度。

2. 振型对比分析

对比讨论本书的 Shear 组合梁理论模型与 Euler-Bernoulli 梁理论模型[53]获得的连续钢−混组合梁的振型，说明剪切变形对连续钢−混组合梁振型的影响。数值算例 1 的前 4 阶振型对比如图 3−7 所示。

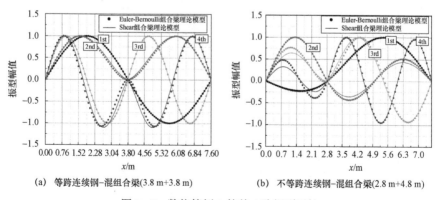

(a)　等跨连续钢−混组合梁(3.8 m+3.8 m)　　　(b)　不等跨连续钢−混组合梁(2.8 m+4.8 m)

图 3−7　数值算例 1 的前 4 阶振型对比

图 3-7 对比结果表明，剪切变形对等跨连续钢-混组合梁的奇数阶振型（反对称模态）无影响，这是由于奇数阶振型与简支钢-混组合梁相同也为正弦波。等跨连续钢-混组合梁的偶数阶振型（对称模态）和不等跨连续钢-混组合梁的各阶振型受剪切变形的影响明显，且振型的阶数越高，影响越大。

3.5 小 结

本章基于 Shear 组合梁理论，把连续钢-混组合梁的中间支撑等效为未知反力，采用 Laplace 变换和逆变换，得到了包含连续钢-混组合梁自振频率的系数矩阵，给出了其自振频率和振型的求解过程。通过数值算例，验证了本章动力分析方法的正确性。分析结果表明：剪切变形对等跨连续钢-混组合梁的反对称模态振型无影响，但对等跨连续钢-混组合梁的对称模态和不等跨连续钢-混组合梁的振型具有明显的影响。

第4章 钢-混组合梁动力特性影响因素及试验研究

现行规范中仅有关于钢-混组合梁静力设计的内容，而不包含其动力计算方法。并且，目前已有的研究主要集中于子梁间界面相对滑移对钢-混组合梁动力性能的影响，但最终也并未给出通用的剪力键刚度的合理取值范围。其次，目前关于剪切变形和转动惯量对钢-混组合梁动力性能影响的研究并不充分。再者，关于连续钢-混组合梁动力性能的理论和试验研究也较为缺乏，仅有 Fang 等[53]、Wang 等[66]、戚菁菁等[69]和李鹏[117]等发表的 4 篇。因此，本章的主要研究目的为以下 4 个。

（1）详细探讨界面相对滑移、剪切变形和转动惯量对单跨和连续钢-混组合梁动力性能的影响。确定钢-混组合梁动力分析时哪种影响因素可以忽略不计，并验证 Shear 组合梁理论的正确性和合理性。

（2）把钢-混组合梁的影响因素进行无量纲化，确定性地给出钢-混组合梁的剪力键刚度相关系数的频率折减界限值，为工程中钢-混组合梁的剪力键设计提供理论基础。

（3）为了便于工程应用，在简支钢-混组合梁的频率解析表达式的基础上，提出其他典型边界条件下钢-混组合梁的近似频率显式解析表达式。

（4）从试验的角度验证 Shear 组合梁理论的正确性和精度优势，为后续提出基于 Shear 组合梁理论的精确动力分析方法及移动荷载下钢-混组合梁动力性能的研究提供试验依据。

4.1 钢-混组合梁动力特性影响因素研究

4.1.1 单跨钢-混组合梁

如前所述，界面相对滑移、剪切变形和转动惯量的存在会造成钢-混组合梁自振频率的折减，由简支钢-混组合梁的自振频率解析表达式式（2-90）～式（2-93）可以看出，剪力键刚度、子梁抗弯刚度比、剪弯弹性模量比和高跨比是影响钢-混组合梁自振频率折减系数的几个重要因素。为了分析界面相对滑移、剪切变形和转动惯量对钢-混组合梁自振频率折减系数的影响，据此，本节分以下 3 个部分进行讨论。

（1）界面相对滑移的影响分析。忽略剪切变形和转动惯量的影响后，简支钢-混组合梁的频率折减系数见式（2-94）。其仅与两个无量纲的系数 α^* 和 χ 有关，α^* 为与剪力键刚度有关的截面组合连接系数；χ 为与子梁抗弯刚度有关的系数。当 α^* 趋近于无穷大时，这表明钢-混组合梁的剪力键刚度趋近于无穷大；相反的，如果 α^* 趋近于零，则表明钢-混组合梁的两个子梁是无连接的。χ 越小表明上层子梁刚度越小，下层子梁刚度越大。

（2）转动惯量的影响分析。由式（2-90）～式（2-93）可知，相关的影响因素有剪力键刚度、子梁抗弯刚度比、剪弯弹性模量比和高跨比。这部分通过对比 Timoshenko 组合梁理论模型（考虑剪切变形和转动惯量，TBT）和 Shear 组合梁理论模型（只考虑剪切变形，SBT），讨论了转动惯量对单跨钢-混组合梁频率折减系数的影响与以上 4 个关键因素的关系。

（3）剪切变形的影响分析。与转动惯量一样，其相关的影响因素也为剪力键刚度、子梁抗弯刚度比、剪弯弹性模量比和高跨比等 4 个。这部分通过对比 Shear 组合梁理论模型（SBT）和不考虑剪切变形及转动惯量的 Euler-Bernoulli 组合梁理论模型（EBT），讨论了剪切变形对单跨钢-混组合梁频率折减系数的影响。

4.1.1.1　界面相对滑移的影响分析

为了更明确地分析界面相对滑移对钢-混组合梁自振频率折减系数的影响，这里不再考虑剪切变形和转动惯量的影响。如前所述，此时钢-混组合梁的频率折减系数仅与两个无量纲系数 α^* 和 χ 有关。图 4-1~图 4-4 给出了 α^* 和 χ 对组合梁前 5 阶频率折减系数 η_i（$i=1, 2, \cdots, 5$）的影响。

由图 4-1（a）~（d）可以得到，悬臂组合梁的前 5 阶频率折减系数均不大于 1.0，这是由于柔性剪力键产生的界面相对滑移造成组合梁抗弯刚度的降低。当 χ 为定值时，频率折减系数随着 α^* 的减小而减小，表明子梁间的部分相互作用必定会降低组合梁的抗弯刚度，且剪力键刚度越小，组合梁抗弯刚度降低越多。对于部分相互作用组合梁，χ 越小，频率折减系数越大，即剪力键刚度的影响越小，这表明，混凝土板很小钢梁很大的组合梁（趋近于仅有钢梁），剪力键刚度对频率折减系数的影响趋近于零，即组合梁退化为普通梁。

频率折减系数随着 α^* 的变化存在一个敏感区间。敏感区间内，频率折减系数随着 α^* 的变化而迅速变化；敏感区间以下，频率折减系数基本趋于恒定值，且 χ 越小，该恒定值越大；敏感区间以上，频率折减系数基本趋于 1.0，即无频率折减。不需考虑频率折减的界限值随 χ 的增大而增大，但是变化范围很小。而且频率阶数越高，界限值越大。因此，悬臂梁前 5 阶频率折减系数的界限值可依次选为 $10^{1.8}$、$10^{2.5}$、$10^{3.1}$、$10^{3.5}$、$10^{4.0}$。α^* 大于以上数值后，则不需要考虑悬臂组合梁的频率折减。

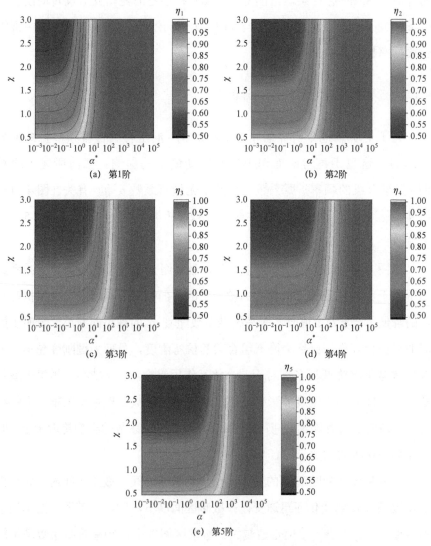

图4-1 不同组合连接的悬臂组合梁前5阶频率比

　　由图4-2（a）～（d）可以得到，简支组合梁的前5阶频率折减系数变化规律与悬臂组合梁基本相同。但α^*的敏感区间和无需考虑频率折减的界限值不同。简支组合梁前5阶频率折减系数的界限值依次为$10^{2.4}$、$10^{3.0}$、$10^{3.3}$、$10^{3.6}$、$10^{4.0}$。α^*大于以上数值后，则不需要考虑频率折减。

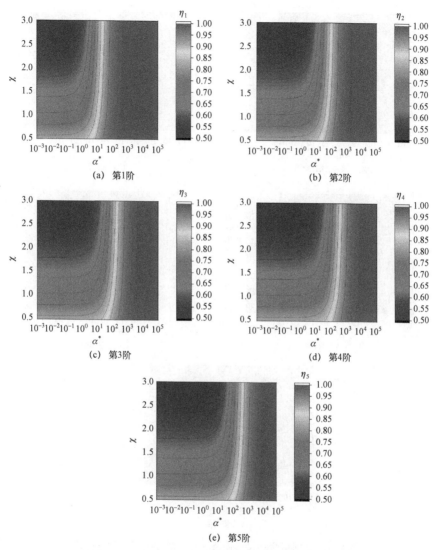

图 4-2　不同组合连接的简支组合梁前 5 阶频率比

由图 4-3（a）～（d）可以得到，固支-简支组合梁的前 5 阶频率折减系数的变化规律与悬臂组合梁和简支组合梁基本相同。固支-简支组合梁前 5 阶频率折减系数的界限值依次为 $10^{2.6}$、$10^{3.2}$、$10^{3.5}$、$10^{3.8}$、10^{4}。α^* 大于以上数值后，则不需要考虑频率折减。

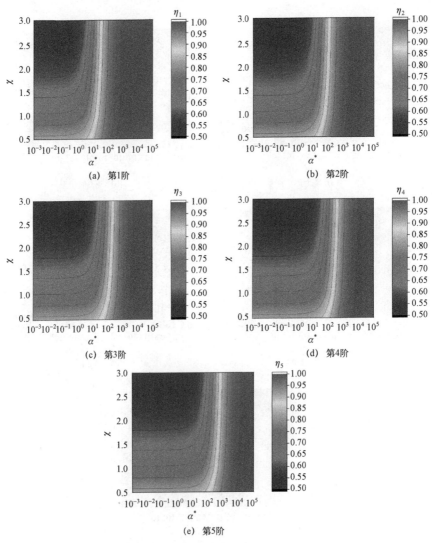

图4-3 不同组合连接的固支-简支组合梁前5阶频率比

由图4-4（a）～（d）可以得到，两端固支组合梁的前5阶频率折减系数变化规律与前3种边界条件组合梁基本相同。两端固支组合梁前5阶频率折减系数的界限值依次为$10^{2.8}$、$10^{3.3}$、$10^{3.7}$、$10^{3.9}$、$10^{4.0}$。α^*大于以上数值后，则不需要考虑频率折减。

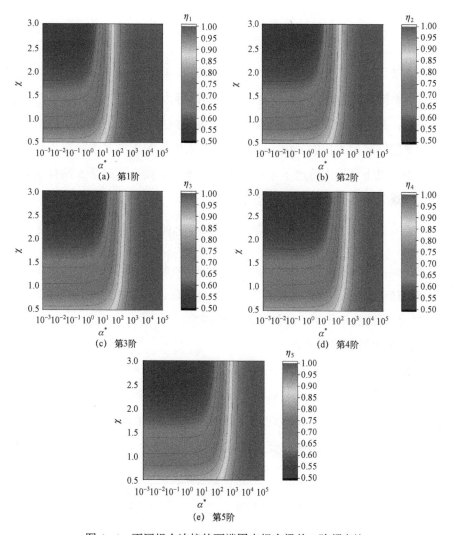

图 4–4　不同组合连接的两端固支组合梁前 5 阶频率比

　　对比两端固支、固支–简支、悬臂和两端简支组合梁可知，α^* 的敏感区间和无需考虑频率折减的界限值随着约束的增强而增大。且频率的阶数越低，α^* 的敏感区间和界限值增大越明显。对于 χ 相同的组合梁，当剪力键刚度无穷小时，不同梁端约束条件和振型阶数的频率折减系数均趋近于同一个值。χ=0.5 时，频率折减系数约为 0.816；χ=1.0 时，为 0.71；χ=1.5 时，为 0.63；χ=2.0 时，为 0.58；χ=2.5 时，为 0.53；χ=3.0 时，为 0.50。

4.1.1.2 转动惯量的影响分析

本节以 2.4 节中的数值算例 1（参见图 2-4）为研究对象，对剪力键刚度、子梁抗弯刚度比、剪弹模量比和高跨比等因素进行分析。2.4 节中的研究表明，频率的阶数越高，忽略转动惯量造成的相对误差越大。通常前 5 阶频率能够满足工程的应用，因此本节对数值算例 1 的第 5 阶自振频率进行讨论。以下分析中给出了 4 种典型边界条件下组合梁的第 5 阶自振频率的相对误差 R。相对误差的计算公式为：

$$R = \frac{\omega_{SBT} - \omega_{TBT}}{\omega_{TBT}} \times 100\% \qquad (4-1)$$

式中，ω_{TBT} 和 ω_{SBT} 分别表示采用 Timoshenko 组合梁理论模型（考虑剪切变形和转动惯量，TBT-1）和 Shear 组合梁理论模型（只考虑剪切变形，SBT）获得的数值算例 1 的第 5 阶自振频率。

1. 剪力键刚度的影响

本节保持数值算例 1 的其他结构和材料参数均不变，而仅改变剪力键的刚度 K，取值范围为 10^{-1} MPa（近似于无连接）到 10^6 MPa（完全连接，近似无界面相对滑移）。忽略转动惯量对数值算例 1 的第 5 阶自振频率产生的相对误差随剪力键刚度的变化规律如图 4-5 所示。

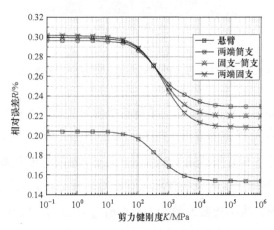

图 4-5 第 5 阶自振频率的相对误差随剪力键刚度的变化规律

由图 4-5 可得，不考虑转动惯量产生的相对误差存在一个剪力键刚度敏感区间。在该区间范围内，相对误差随着剪力键刚度的变化而快速变化；该区间范围外，相对误差基本不再随剪力键刚度的变化而变化。对于 4 种边界条件下组合梁的第 5 阶自振频率，该敏感区间相差不大，为 $10^1 \sim 10^4$ MPa。边界条件为两端简支、固支-简支和两端固支的相对误差基本一致，且明显大于边界条件为悬臂的组合梁。再者，4 种典型边界条件下，不考虑转动惯量产生的相对误差均很小，最大值仅约 0.3%。

2. 剪弹模量比的影响

由式（2-63）~式（2-66）可知，转动惯量的影响与剪切模量成正比。因此，本节讨论了转动惯量的影响与剪切模量和弹性模量之比（剪弹模量比）的关系。以上分析表明，剪力键刚度越小，相对误差越大。因此，本节假定数值算例 1 的剪力键刚度为 10 MPa，且剪弹模量比（$G/E=G_c/E_c=G_s/E_s$）在 0.25~0.5 内变化，其他结构和材料参数与图 2-4 中完全一致。忽略转动惯量对数值算例 1 的第 5 阶自振频率产生的相对误差随剪弹模量比的变化规律如图 4-6 所示。

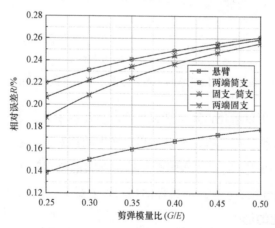

图 4-6　第 5 阶自振频率的相对误差随剪弹模量比的变化规律

从图 4-6 可以看出，随着剪弹模量比的增大，忽略转动惯量产生的相对误差逐渐增大，但增长程度并不明显。边界条件为两端简支、固支-简支和两端固支的组合梁的相对误差基本一致，且明显大于悬臂组合梁的相对误差。对于悬臂组合梁，最大相对误差仅约为 0.18%；对于其他 3 种边界条件的组合梁，最大相对误差仅约 0.26%。

3. 子梁抗弯刚度比的影响

如前所示，采用 χ 表示子梁抗弯刚度比。假定数值算例 1 的剪力键刚度 K 为 10 MPa，保持其他结构和材料参数与数值算例 1 相同，仅改变木梁的弹性模量来调节 χ 的大小。忽略转动惯量对数值算例 1 的第 5 阶自振频率产生的相对误差随子梁抗弯刚度比的变化规律如图 4-7 所示。χ 的变化范围为 0.5～3.0。

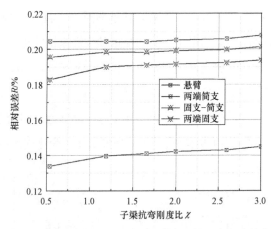

图 4-7 第 5 阶自振频率的相对误差随子梁抗弯刚度比的变化规律

从图 4-7 可以看出，随着子梁抗弯刚度比的变化，忽略转动惯量产生的相对误差基本不变。边界约束越强，产生的相对误差越大。但边界条件为两端简支、固支-简支和两端固支的组合梁的相对误差基本相当，且明显大于悬臂组合梁。4 种边界条件的相对误差最大仅约 0.21%。

4. 高跨比的影响

本节分析了高跨比对忽略转动惯量产生的相对误差的影响。为此，本节保持数值算例 1 的其他结构参数均不变，而仅改变梁长。梁长的变化范围为 0.8～4.0 m，对应的高跨比为 1/4～1/20。如前所述，剪弹模量比越大，转动惯量的影响越大。因此，选取材料参数如下：E_c=12 GPa，G_c=12 GPa，ρ_c=2 400 kg/m³，E_s=8 GPa，G_s=8 GPa，ρ_s=500 kg/m³ 和 K=10⁶ MPa。忽略转动惯量对数值算例 1

的第 5 阶自振频率产生的相对误差随高跨比的变化规律如图 4−8 所示。

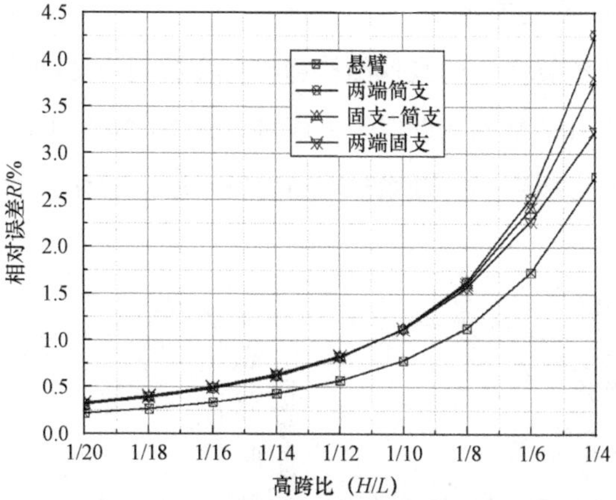

图 4−8　第 5 阶自振频率的相对误差随高跨比的变化规律

图 4−8 表明，随着高跨比的增大，忽略转动惯量产生的相对误差逐渐增大；且高跨比越大，变化趋势越明显，当高跨比大于 1/15 后，变化趋势变得特别明显。忽略转动惯量造成的相对误差最大值仅约 4.3%，其发生在高跨比为 1/4 的两端固支组合梁上。悬臂组合梁的忽略转动惯量造成的相对误差明显小于其他 3 种边界条件的组合梁，且当高跨比小于 1/10 以后，其他 3 种边界条件的组合梁忽略转动惯量造成的相对误差基本一致。

综合以上分析结果可知，进行组合梁动力分析时，可以忽略转动惯量的影响。

4.1.1.3　剪切变形的影响分析

本节的研究对象仍然是 2.4 节中的数值算例 1（参见图 2−4），研究不同的剪力键刚度、子梁抗弯刚度比、剪弹模量比和高跨比下，剪切变形对组合梁自振频率折减系数的影响。以下分析中给出忽略剪切变形产生的相对误差 R。相对误差 R 的计算公式为：

$$R = \frac{\omega_{\text{EBT}} - \omega_{\text{SBT}}}{\omega_{\text{TBT}}} \times 100\% \qquad (4-2)$$

式中，ω_{EBT} 为采用不考虑剪切变形和转动惯量的理论模型（EBT）获得的数值算例 1 的第 5 阶自振频率。

1. 剪力键刚度的影响

本节保持数值算例 1 的其他结构和材料参数均不变，而仅改变剪力键的刚度 K，取值从 10^{-1} MPa（近似于无连接）到 10^{6} MPa（完全连接，近似无界面相对滑移）。自振频率折减系数随剪力键刚度的变化规律如图 4-9 所示。

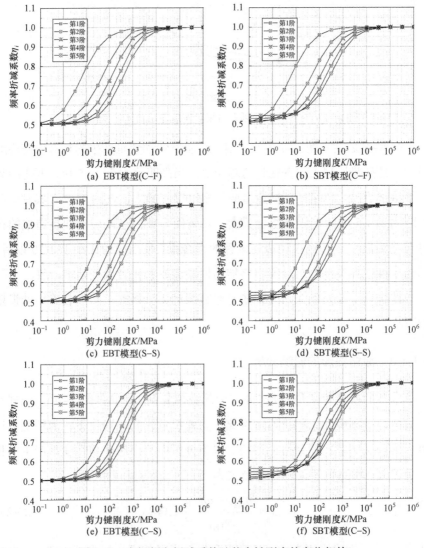

图 4-9 自振频率折减系数随剪力键刚度的变化规律

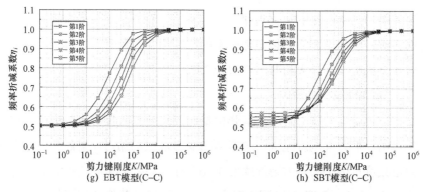

(g) EBT模型(C–C)　　　(h) SBT模型(C–C)

图 4-9　自振频率折减系数随剪力键刚度的变化规律（续）

由图 4-9 可知，EBT 模型和 SBT 模型计算结果的曲线形状相同，剪力键刚度的敏感区段相同，说明剪切变形并不会改变界面相对滑移对自振频率的影响规律。因此，4.1.1.1 节中确定的不需考虑界面相对滑移的 α^* 界限值仍然适用。

但是，当剪力键刚度趋近于无穷小时，不同边界条件的组合梁 SBT 模型的不同阶频率折减系数不再趋近于同一数值，梁端约束越强，频率的阶数越高，频率折减系数越大。说明梁端约束越强，频率的阶数越高，剪力键对组合梁频率的影响越小。

图 4-10 给出了 4 种典型边界条件的组合梁不考虑剪切变形产生的相

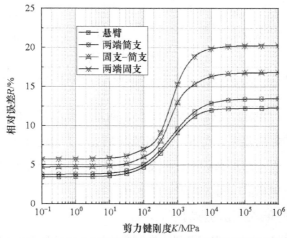

图 4-10　第 5 阶自振频率相对误差随剪力键刚度的变化规律

对误差随剪力键刚度的变化规律。可以看出，与转动惯量的规律相反，随着剪力键刚度的增大，剪切变形产生的影响增大。而且，边界约束越强，相对误差值越大，最大相对误差约为 20%。

2. 剪弹模量比的影响

本节讨论剪切变形对不同剪弹模量比的组合梁自振频率的影响。以上分析表明，剪力键刚度越大，忽略剪切变形造成的相对误差越大。因此本节假定数值算例 1 的剪力键刚度 K 为 10^6 MPa（完全相互作用），且剪弹模量比 $G/E=G_c/E_c=G_s/E_s$ 在区间 0.25 到 0.5 内变化，其他结构和材料参数与图 2−4 保持完全一致。忽略剪切变形对数值算例 1 的第 5 阶自振频率产生的相对误差随剪弹模量比的变化规律如图 4−11 所示。

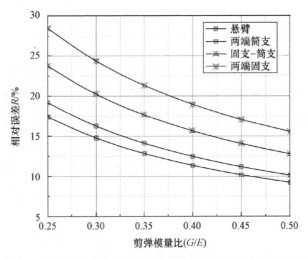

图 4−11　第 5 阶自振频率的相对误差随剪弹模量比的变化规律

由图 4−11 可知，与转动惯量相反，随着剪弹模量比的增大，忽略剪切变形产生的相对误差逐渐减小，且变化明显。4 种边界条件下组合梁的自振频率相对误差随剪弹模量比的变化规律基本一致。梁端约束越强，剪切变形的影响越明显，最大相对误差约为 28%。

3. 子梁抗弯刚度比的影响

与前述相同，采用 χ 表示子梁抗弯刚度比。由于剪力键刚度越大，剪切变形的影响越明显，因此假定数值算例 1 的剪力键刚度 K 为 10^6 MPa。保持其他结构和材料参数不变，仅改变木梁的弹性模量来调节 χ 的大小。忽略剪切变形对数值算例 1 的第 5 阶自振频率产生的相对误差随子梁抗弯刚度比的变化规律如图 4-12 所示。

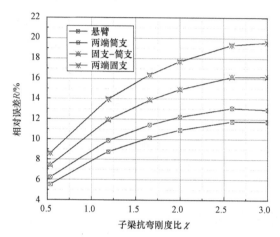

图 4-12　第 5 阶自振频率的相对误差随子梁抗弯刚度比的变化规律

由图 4-12 可知，与转动惯量的影响不同，随着子梁抗弯刚度比的增大，忽略剪切变形产生的相对误差逐渐增大，且增长幅度较大。4 种边界条件的相对误差最大约 20%。

4. 高跨比的影响

本节讨论不同高跨比下忽略剪切变形产生的第 5 阶自振频率相对误差。截面和材料参数保持与数值算例 1 相同，剪力键刚度 K 取值为 10^6 MPa。选择不同的梁长，从而改变组合梁的高跨比，梁长取值范围为 0.8～4.0 m，对应的高跨比为 1/4～1/20。

由图 4-13 可知，与转动惯量的影响规律相同，随着高跨比的增大，忽略剪切变形产生的相对误差逐渐增大；且高跨比越大，变化趋势约明显。忽略剪切变形造成的相对误差最大值达到了 42.5%，其发生在高跨比为 1/4 的两端固支组合梁上。

综合以上分析结果可知，进行组合梁动力分析时，尤其是分析其高阶频率时，不可忽略剪切变形的影响。

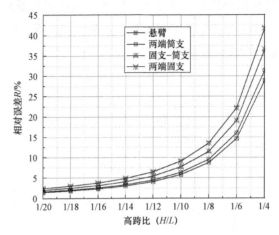

图 4−13　第 5 阶自振频率的相对误差随高跨比的变化规律

4.1.2　连续钢−混组合梁

由图 3−5 可知，跨径为 $n×L$ 的等跨连续钢−混组合梁的 1 阶模态与 n 个跨径为 L 的简支钢−混组合梁的 1 阶模态相同，自振频率也一致。因此剪力键刚度、子梁抗弯刚度比、剪弹模量比和高跨比等影响因素对连续钢−混组合梁频率折减系数的影响规律与简支钢−混组合梁相同，本节不再赘述。

本节主要对不等跨连续钢−混组合梁进行研究，重点讨论不同边中跨比下，界面相对滑移和剪切变形对连续钢−混组合梁频率折减系数的影响。为此，以连续钢−混组合试验梁（参见图 3−3）为基本分析对象，调整中间支座的位置，以获得不同的边中跨比。分析工况为以下 3 个：① 工况 1：边中跨比为 0.6，组合梁跨径为（2.8+4.8）m；② 工况 2：边中跨比为 0.8，组合梁跨径为（3.4+4.2）m；③ 工况 3：边中跨比为 1.0，组合梁跨径为（3.8+3.8）m。分别采用 Shear 组合梁理论模型（SBT）和 Euler-Bernoulli 组合梁理论模型（EBT）计算不同剪力键刚度下连续组合梁前 3 阶自振频率折减系数。分析结果如图 4−14 所示。Shear 组合梁理论模型即采用 3.2

节中的式（3–17）；且当式（3–17）中 G_s 和 G_c 取值无穷大时，模型即退化为 Euler-Bernoulli 组合梁理论模型。

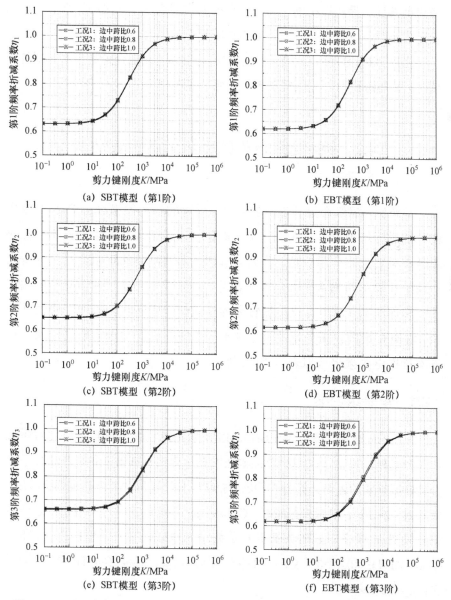

图 4–14　不同边中跨比的连续钢–混组合梁频率折减系数随剪力键刚度的变化规律

图 4–14 表明，无论是否考虑剪切变形的影响，不同边中跨比，但相同剪力键刚度的连续钢–混组合梁的各阶频率折减系数相同，即边中跨比并不影响连续钢–混组合梁的频率折减系数。与简支钢–混组合梁相同，考虑剪切变形后，连续钢–混组合梁的剪力键刚度敏感区间不变。但剪力键无穷小时，各阶频率折减系数不再趋近于相同值。

由以上结论可知，n 跨总长为 L^* 的连续钢–混组合梁的频率折减界限值（α^*）与跨径为 L^*/n 的简支钢–混组合梁相同。

4.2 钢–混组合梁频率近似解析表达式

单跨钢–混组合梁和连续钢–混组合梁的自振频率可由第 2、3 章中的方法进行精确求解。在工程中，能够快速便捷地获得组合梁的自振频率具有重要工程应用价值。因此，本节旨在基于 Shear 组合梁理论提出适用于计算单跨钢–混组合梁（悬臂、两端简支、固支–简支和两端固支）和连续钢–混组合梁自振频率的显式解析表达式，以便于快速计算钢–混组合梁的自振频率。并以 2.4 节中的数值算例 1 为研究对象，验证本章提出的频率近似表达式的正确性。

4.2.1 单跨组合梁

Girhammar 等基于 Euler-Bernoulli 梁理论并以简支梁自振频率解析表达式为基础，提出了采用组合梁本征模态长度估算其他 3 种边界条件下组合梁自振频率的近似计算公式[27]。即把梁长按照不同边界条件进行折减后，代入式（2–28），求解自振频率。Girhammar 等给出的 4 种典型边界条件的组合梁第 i 频率对应的梁长折减系数 μ_i 分别为：① 悬臂：$\mu_1=1.675$，$\mu_n=2n/(2n-1)$；② 两端简支：$\mu_n=1$；③ 固支–简支：$\mu_n=4n/(4n+1)$；④ 两端固支：$\mu_n=2n/(2n+1)$[27]。

由 4.1 节可知，组合梁动力分析时，忽略剪切变形会使频率计算结果偏大。因此，本节考虑剪切变形的影响，结合 Girhammar 等[27]的研究成果及考虑剪切变形的简支钢-混组合梁的频率解析表达式（2-90），采用数学归纳法，提出考虑剪切变形影响的适用于分析 4 种典型边界条件的单跨钢-混组合梁的频率近似表达式：

$$\omega_n = \psi_1 \psi_2 \eta_n \omega_f = \psi_1 \psi_2 \eta_n \frac{(n\pi)^2}{L_{eqn}^2} \sqrt{\frac{EI_f}{m}} \qquad (4-3)$$

$$\eta_n = \sqrt{\frac{(n\pi)^4 \mu + (n\pi)^2 \varsigma^4 \left(\dfrac{\kappa}{\chi+1} + \alpha\mu + \gamma\mu\right) + \alpha\kappa\varsigma^6}{(n\pi)^6 + (n\pi)^4 \varsigma^2 (\alpha+\gamma+\delta) + (n\pi)^2 \varsigma^4 (\kappa + \beta\kappa + \alpha\delta) + \alpha\kappa\varsigma^6}} \qquad (4-4)$$

$$\alpha = \frac{Kh^2}{EA}, \beta = \frac{Kh_s^2}{GA_s} + \frac{Kh_c^2}{GA_c}, \gamma = \frac{Kh^2 h_s^2}{EI_s} + \frac{Kh^2 h_c^2}{EI_c}, \chi = \frac{EAh^2}{EI} \qquad (4-5)$$

$$\delta = \left(\frac{GA_s h^2}{EI_s} + \frac{GA_c h^2}{EI_c}\right), \kappa = \frac{GA_s GA_c h^4}{EI_s EI_c}, \mu = \frac{GAh^2}{EI_f}, \varsigma = \frac{L_{eqn}}{h} \qquad (4-6)$$

$$L_{eqn} = \begin{cases} \dfrac{2n}{2n-1}L, (n \geq 2) & L_{eq1} = 1.66L & \text{悬臂} \\[2mm] L & L_{eq1} = L & \text{两端简支} \\[2mm] \dfrac{4n}{4n+1}L & L_{eq1} = 0.8L & \text{固支-简支} \\[2mm] \dfrac{2n}{2n+1}L & L_{eq1} = 0.667L & \text{两端固支} \end{cases} \qquad (4-7)$$

式中，L_{eqi} 为第 i 阶频率对应的梁本征模态长度；ψ_1 为与抗弯组合连接系数 $\alpha^* = (\alpha+\beta)\varsigma^2$ 和子梁抗弯刚度比 χ 相关的频率折减系数，其表达式如下：

当 $n \leq 5$ 时，

$$\psi_1 = \begin{cases} 1 & \text{悬臂} \\[2mm] 1 & \text{两端简支} \\[2mm] 1 - \chi(0.02 - 0.004n)\exp\left[-\dfrac{(\log\alpha^* - 1.0 - 0.5n)^2}{2}\right] & \text{固支-简支} \\[2mm] 1 - \chi(0.04 - 0.008n)\exp\left[-\dfrac{(\log\alpha^* - 1.0 - 0.5n)^2}{2}\right] & \text{两端固支} \end{cases} \quad (4-8)$$

当 $n > 5$ 时，$\psi_1 = 1$。

ψ_2 为与高跨比（H/L）和子梁抗弯刚度比 χ 相关的频率折减系数，表达式为：

$$\psi_2 = \begin{cases} 1 - (0.04 - 0.01\chi)\exp\left(0.3 - 0.075\dfrac{L}{H}\right) & \text{悬臂} \\[2mm] 1 & \text{两端简支} \\[2mm] 1 - (0.05 - 0.01\chi)\exp\left(0.3 - 0.075\dfrac{L}{H}\right) & \text{固支-简支} \\[2mm] 1 - (0.07 - 0.015\chi)\exp\left(0.3 - 0.075\dfrac{L}{H}\right) & \text{两端固支} \end{cases} \quad (4-9)$$

显然式（4-9）主要与以下 4 个影响因素相关，剪力键刚度（$\alpha, \varepsilon, \kappa$）、子梁抗弯刚度比（$\chi$）、高跨比（$H/L$）和剪切模量（$\beta, \delta, \mu$）。因此，以 2.4 节中的数值算例 1 为研究对象，对比讨论式（4-3）获得的频率近似解与频率精确解之间的相对误差。

4.2.1.1 剪力键刚度和子梁抗弯刚度比的影响

本节讨论剪力键刚度和子梁抗弯刚度比对单跨组合梁自振频率近似解相对误差的影响。分析对象为 4 种典型边界条件下的单跨组合梁的前 10 阶频率。剪力键刚度相关系数 $\alpha^* = (\alpha + \beta)\varsigma^2$ 变化范围为 10^{-1}（近似无连接）到 10^6（近似完全连接）；子梁抗弯刚度比 χ 的取值为 0.5、1.0、2.0、3.0。对比分析结果如图 4-15～图 4-17 所示。

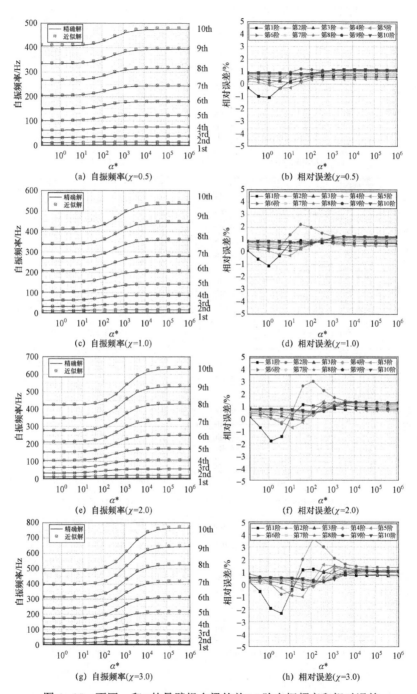

图 4-15　不同 α 和 χ 的悬臂组合梁的前 10 阶自振频率和相对误差

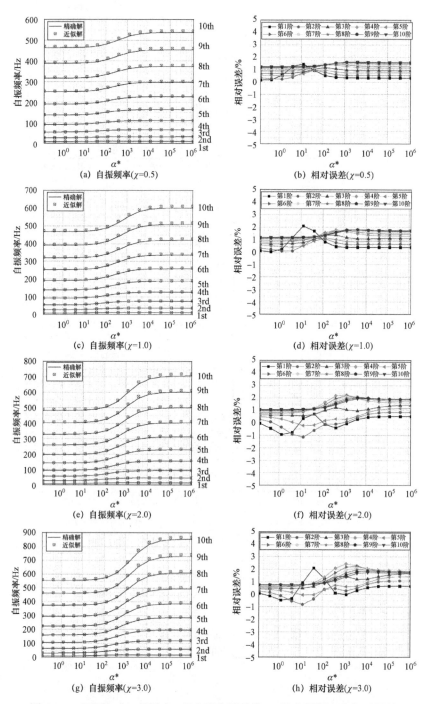

图 4-16　不同 α 和 χ 的固支-简支组合梁的前 10 阶自振频率和相对误差

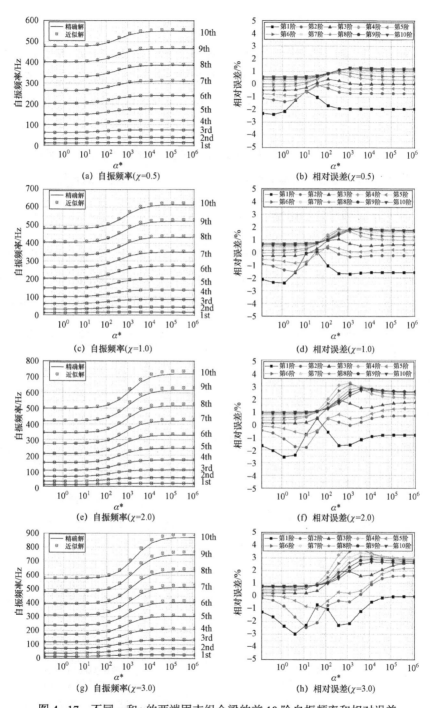

图 4-17　不同 α 和 χ 的两端固支组合梁的前 10 阶自振频率和相对误差

由图 4-15～图 4-17 可知，边界约束越强，近似解的相对误差越大。剪力键刚度的敏感区间内，近似解的相对误差变化较为明显。再者，子梁抗弯刚度比越大（钢梁越小，混凝土越大），近似解和精确解之间的相对误差越大。但是，3 种典型边界条件下，组合梁频率近似解的相对误差均在5.0%以内。

综合分析结果可知，本章提出的 3 种典型边界条件（悬臂、固支-简支和两端固支）的组合梁自振频率近似表达式适用于估算组合梁的自振频率。

4.2.1.2 剪弹模量比的影响

本节讨论剪弹模量比（$G/E=G_c/E_c=G_s/E_s$）对单跨组合梁自振频率近似解的相对误差的影响。跨径 $L=2.0$ m；剪力键刚度 $K=10$ MPa；子梁抗弯刚度比$\chi=3.0$；剪弹模量比取值为 $0.25～0.5$。对比分析结果如图 4-18 所示。

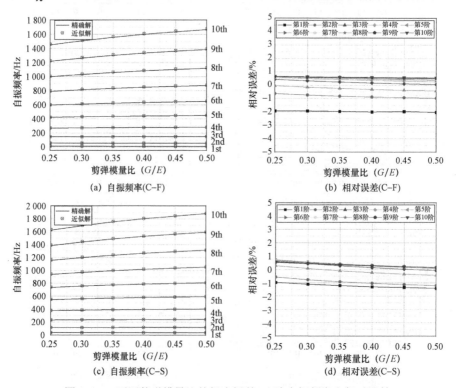

图 4-18　不同剪弹模量比的组合梁前 10 阶自振频率和相对误差

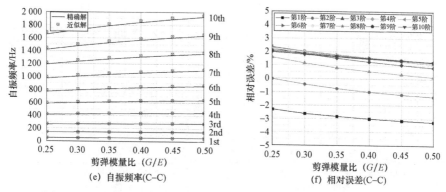

(e) 自振频率(C–C)　　　　　　(f) 相对误差(C–C)

图 4-18　不同剪弹模量比的组合梁前 10 阶自振频率和相对误差（续）

图 4-18 表明，组合梁频率近似解的相对误差随剪弹模量比的增大而略有减小，但相对误差值均很小。说明组合梁频率近似解和精确解基本一致，近似解可用于悬臂、固支–简支和两端固支组合梁的频率分析。

4.2.1.3　高跨比的影响

本节讨论高跨比对单跨组合梁的自振频率近似解的相对误差的影响。剪力键刚度 K 取值为 10 MPa；χ 取值为 3.0；高跨比的变化范围为 1/20～1/6，调节梁长，而梁高不变。其他结构和材料参数保持不变。对比分析结果如图 4-19 所示。

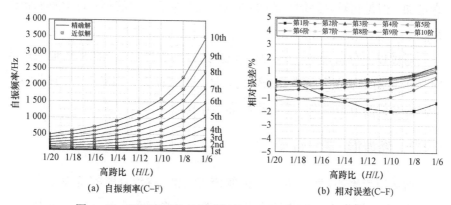

(a) 自振频率(C–F)　　　　　　(b) 相对误差(C–F)

图 4-19　不同高跨比的组合梁前 10 阶自振频率和相对误差

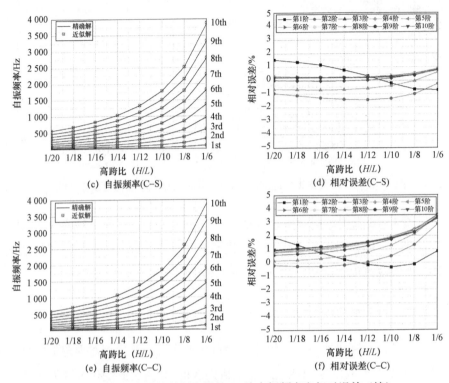

图4–19　不同高跨比的组合梁前10阶自振频率和相对误差（续）

由图4–19可以看出，随着高跨比的增加，频率近似解的相对误差略有增加，但是相对误差均在5.0%以内。说明本章提出的频率近似解稳定性良好。

通过以上分析可得，4种典型边界条件的单跨组合梁频率近似表达式（4–3）可用于快速分析边界条件为悬臂、两端简支、固支–简支和两端固支的组合梁的自振频率，且具有较高的计算精度。

4.2.2　连续钢–混组合梁

前述研究表明，跨径为$n \times L$的等跨连续钢–混组合梁的基频与跨径为L的简支钢–混组合梁的振型和基频（第1阶自振频率）一致。边中跨比对连续钢–混组合梁的频率折减系数无明显影响。基于以上结论，初步假定基于 Shear 组合梁理论的全长为 L^* 的 n 跨连续钢-混组合梁基频表达式为：

$$\omega=\eta\omega_f \qquad (4-10)$$

$$\eta_1=\sqrt{\dfrac{\pi^4\mu+\pi^2\varsigma^4\left(\dfrac{\kappa}{\chi+1}+\alpha\mu+\gamma\mu\right)+\alpha\kappa\varsigma^6}{\pi^6+\pi^4\varsigma^2(\alpha+\gamma+\delta)+\pi^2\varsigma^4(\kappa+\beta\kappa+\alpha\delta)+\alpha\kappa\varsigma^6}} \qquad (4-11)$$

$$\alpha=\frac{Kh^2}{EA},\beta=\frac{Kh_s^2}{GA_s}+\frac{Kh_c^2}{GA_c},\gamma=\frac{Kh^2h_s^2}{EI_s}+\frac{Kh^2h_c^2}{EI_c},\chi=\frac{EAh^2}{EI} \qquad (4-12)$$

$$\delta=\left(\frac{GA_sh^2}{EI_s}+\frac{GA_ch^2}{EI_c}\right),\kappa=\frac{GA_sGA_ch^4}{EI_sEI_c},\mu=\frac{GAh^2}{EI_f},\varsigma=\frac{L^*}{nh} \qquad (4-13)$$

式中，ω_f 为剪力键刚度无穷大时连续组合梁的自振频率，可以采用如 Midas 等商业有限元软件求得。

下面以横截面和材料均与数值算例 1（参见图 2-4）相同的三跨连续组合梁为研究对象，讨论不同边中跨比（$\zeta=L_{side}/L_{main}$）、高跨比（$\zeta=H/L_{main}$）、跨数（n）、剪力键刚度（K）、子梁抗弯刚度比（χ）和剪弹模量比下，基频近似解式（4-10）与精确解之间的相对误差。L_{side} 表示连续组合梁边跨的跨径；L_{main} 表示主跨跨径；H 为梁高。

4.2.2.1　剪力键刚度、子梁抗弯刚度比和边中跨比的影响

本节讨论剪力键刚度 K、子梁抗弯刚度比 χ 和边中跨比 ζ 对连续组合梁基频近似解相对误差的影响。梁长保持不变为 L^*=12 m；跨数 n=3；剪力键刚度相关系数 α^* 取值范围为 10^{-1}（近似无连接）到 10^4（近似完全连接）；子梁抗弯刚度比 χ 取值为 1.0、2.0、3.0；边中跨比 ζ=0.4、0.6、0.8，相应的跨径组合为：L^*=（2.7+6.6+2.7）m，L^*=（3.3+5.4+3.3）m，L^*=（3.7+4.6+3.7）m。图 4-20 中给出了对比分析结果。

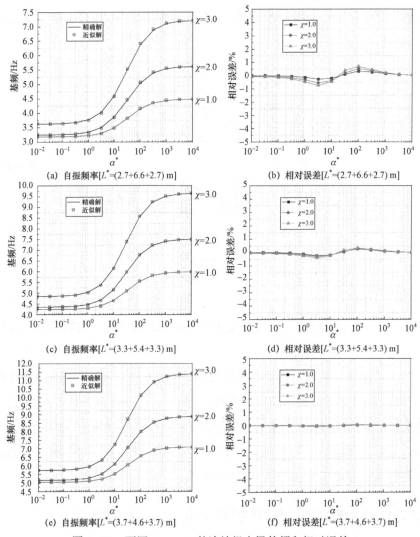

图4-20 不同 α、χ、ζ 的连续组合梁基频和相对误差

由图4-20可知，基频近似解与精确解基本一致，最大相对误差在1.0%以内。再者，边中跨比越小，子梁抗弯刚度比 χ 越大时，近似解的相对误差变大。但总的来说，本章提出的基频近似解可以用于计算连续组合梁的基频。

4.2.2.2 梁长和跨数的影响

本节分析梁长 L^* 和跨数 n 对连续组合梁基频近似解相对误差的影响。

其他参数保持不变，剪力键刚度相关系数 α^* 取值范围为 10^{-1}（近似无连接）到 10^4（近似完全连接）；子梁抗弯刚度比 χ 取值为 1.0、2.0、3.0；边中跨比 $\xi=0.6$。选取梁长和跨数工况为：$L^*=(5.0+3.0)$ m, $L^*=(3.0+5.0+3.0)$ m, $L^*=(3.0+5.0+5.0+3.0)$ m, $L^*=(3.0+5.0s+5.0+5.0+3.0)$ m。图 4-21 给出了对比分析结果。

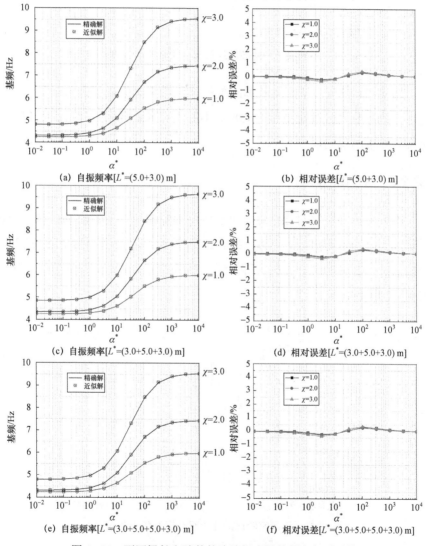

图 4-21　不同梁长和跨数的连续组合梁基频和相对误差

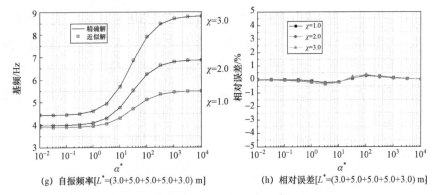

(g) 自振频率[L^*=(3.0+5.0+5.0+3.0) m]　　(h) 相对误差[L^*=(3.0+5.0+5.0+3.0) m]

图4−21　不同梁长和跨数的连续组合梁基频和相对误差（续）

图4−21表明，不同梁长和跨数的连续组合梁的基频近似解与精确解基本一致，最大相对误差小于1.0%。且随着梁长和跨数的变化，近似解相对误差并未出现明显变大趋势。

4.2.2.3　高跨比的影响

本节分析高跨比对连续组合梁基频近似解相对误差的影响。结构和材料参数取值为 α^*=400；χ=1.0，2.0，3.0；梁长 L^* 取值范围为1.6～6.72 m；跨数 n=2；边中跨比 ξ=0.6；高跨比 ζ 取值范围为1/21～1/5。分析结果如图4−22所示。

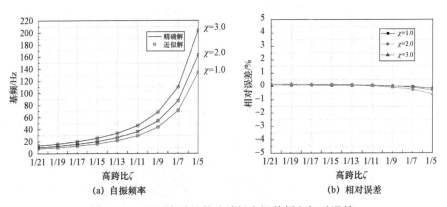

(a) 自振频率　　　　　　　　　(b) 相对误差

图4−22　不同高跨比的连续组合梁基频和相对误差

由图 4-22 可以看出，随着高跨比的增大，基频迅速增加。但近似解和精确解之间的相对误差基本保持不变，最大相对误差在 1.0% 以内。结果表明，高跨比和梁长对近似解的精度影响不大。

4.2.2.4　剪弹模量比的影响

本节讨论剪弹模量比（$G/E=G_c/E_c=G_s/E_s$）对连续组合梁基频近似解相对误差的影响。结构和材料参数选取如下：$\alpha^*=10^4$；$\chi=1.0$，2.0，3.0；$L^*=(0.6+1.0)$ m。剪弹模量比取值范围为 0.25～0.5。分析结果如图 4-23 所示。

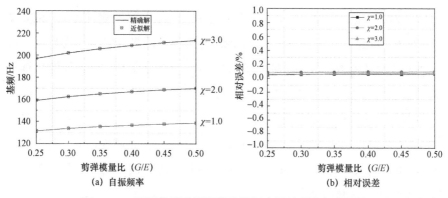

图 4-23　不同剪弹模量比的连续组合梁基频和相对误差

由图 4-23 可知，连续组合梁的基频随着剪弹模量比的增加而增加。然而，与高跨比的影响一样，近似解的相对误差没有明显的增加或减少，最大相对误差在 1.0% 以内。由此可知，剪切模量也不会影响近似解的精度。

综上所述，基频近似表达式（4-10）可用于快速计算连续钢–混组合梁的基频，且具有较高的计算精度。

4.3 钢-混组合梁动力特性试验研究

4.3.1 试验目的

目前关于钢-混组合梁的动力测试试验研究存在以下不足。一方面，现有的试验研究对象多为处于运营中的钢-混组合梁桥，其测试结果容易受到外部环境（如外界环境温度、二期恒载和桥墩刚度等）的影响，从而致使测试结果在一定程度上偏离试验梁的真实值。另一方面，既有的测试对象多为简支钢-混组合梁，而对于连续钢-混组合梁的测试较少，例如文献［53］中虽然在实验室内测试了两跨连续钢-混组合梁的动力特性，但是并未测得其偶数阶频率（对称模态）。因此无法满足从试验方面验证连续钢-混组合梁动力分析理论的正确性的要求。

为了更好地研究剪力键刚度、剪切变形等影响因素对钢-混组合梁自振频率的影响，验证前述 Timoshenko 组合梁理论的正确性，本节对 2 根简支钢-混组合梁（SCB-1、SCB-2）和 1 根两跨连续钢-混组合梁（SCB-3）进行自振特性试验研究。

4.3.2 试验概况

4.3.2.1 简支试验梁介绍

2 根简支试验梁的混凝土板和钢梁之间采用剪力钉连接。它们的跨径、横截面尺寸、材料特性均相同，仅剪力钉的个数不同。简支试验梁的横截面整体为工字形；上部混凝土板为矩形，截面尺寸为：1 700 mm×300 mm；下部为工字钢梁，截面尺寸为：550 mm×450 mm×28 mm；试验梁的全长为 8.5 m，计算跨径为 8.0 m；简支试验梁的剪力钉直径为 22 mm；横向 4 排排布，SCB-1 共有 312 个剪力钉，SCB-2 共有 168 个剪力钉。结构尺寸和剪力钉布置如图 4-24 所示。其材料参数为：E_c=30 GPa，G_c=12.5 GPa，ρ_c=2 600 kg/m³；E_s=206 GPa，G_s=79.231 GPa，ρ_c=7 850 kg/m³。其结构参数为：A_c=0.51 m²，I_c=0.003 825 m⁴；A_s=0.040 6 m²，I_s=0.002 495 m⁴。

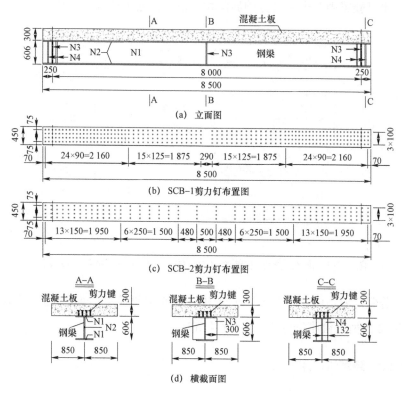

图 4-24 简支试验梁结构尺寸和剪力钉布置

采用文献 [36] 中的方法确定试验梁的剪力键刚度 K。单根剪力钉的抗剪刚度符合如下的荷载-滑移曲线模型，

$$Q = Q_u \left(1 - e^{-\beta s}\right)^{\alpha} \tag{4-14}$$

$$Q_u = 0.5 A_{st} \sqrt{E_c f_c} \leqslant 0.7 A_{st} f_{stu} \tag{4-15}$$

式中，Q 为单根剪力钉在滑移量为 s 时所承受的剪力；Q_u 为单根剪力钉的抗剪承载力；s 为界面相对滑移量；α=0.7，β=0.8 为调整系数；A_{st} 为剪力钉的横截面积；E_c 为混凝土板的弹性模量；f_c 为混凝土的抗压强度标准值；

f_{stu} 是剪力钉的极限抗拉强度。

文献［105］中通过试验测试给出了确定剪力键刚度的方法，即在界面相对滑移曲线的 $0.66Q_u$ 处取割线，割线的斜率即为单根剪力钉的剪切刚度值。本试验梁中单个剪力钉的界面相对滑移曲线如图 4–25 所示。

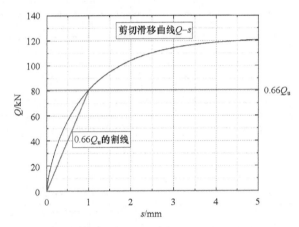

图 4–25　简支试验梁的单个剪力钉的界面相对滑移曲线（Q–s）

若假定剪力键均匀分布，则 SCB–1 的剪力键刚度值为 K_1=3 036 MPa；SCB–2 的剪力键刚度值为 K_2=1 574 MPa。

4.3.2.2　连续试验梁介绍

连续试验梁（SCB–3）同样是由混凝土板和工字形钢梁组成，两者之间采用剪力钉连接。上部矩形截面混凝土板的尺寸为：1 200 mm×100 mm；下部工字钢梁的顶板宽×厚为：145 mm×8 mm；底板的宽×厚为：145 mm×5 mm；腹板的宽×厚为：457 mm×8 mm。试验梁全长为 12.4 m，计算跨径为 2×6.0 m。剪力钉直径为 13 mm，横向双排排布，共计 338 根。结构尺寸如图 4–26 所示。其材料参数为：E_c=32.5 GPa，G_c=13.54 GPa，ρ_c=2 400 kg/m³；E_s=206 GPa，G_s=79.231 GPa，ρ_c=7 850 kg/m³。其结构参数为：A_c=0.12 m²，I_c=0.000 1 m⁴；A_s=0.005 541 m²，I_s=0.000 163 143 m⁴。需要说明的是，进行动力测试试验时，连续试验组合梁的负弯矩区混凝土已经开裂。

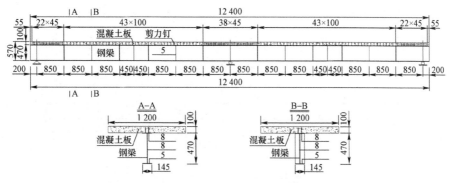

图 4-26　连续试验梁构造图

同样采用式（4-14）～式（4-15）及割线法计算组合梁的剪力键刚度。连续试验梁的界面相对滑移曲线如图 4-27 所示。

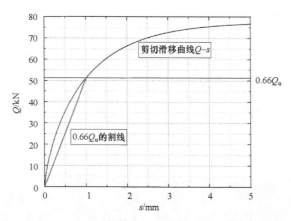

图 4-27　连续试验梁的单个剪力钉的界面相对滑移曲线（Q-s）

若假定剪力键均匀分布，则 SCB-3 的剪力键刚度值为 K=1 398 MPa。

4.3.2.3　试验过程介绍

如图 4-28 所示，在试验梁的混凝土顶板布置加速度传感器。布置位置为：简支试验梁 SCB-1 和 SCB-2 的 1/4 跨；连续试验梁 SCB-3 的 1/2

跨。锤击试验梁的混凝土顶板，采集梁体的加速度值时程。

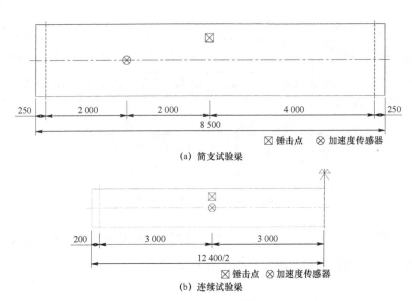

（a）简支试验梁

⊠锤击点　⊗加速度传感器

（b）连续试验梁

图4-28　测点布置图

试验中的加速度采集设备为北京东方振动和噪声技术研究所研发的 NV3018A 型 24 位高精度数据采集仪；加速度传感器为中国地震局工程力学研究所生产的 941B 型超低频测振仪。试验过程和测点照片如图 4-29 所示。

（a）941B 加速度传感器

（b）简支试验梁测试 1

图4-29　试验照片

(c) 简支试验梁测试 2   (d) 连续试验梁

图 4-29 试验照片（续）

4.3.3 试验结果

图 4-30 为简支试验梁 SCB-1 的某一次锤击下的 1/4 跨测点的波形图和自谱分析后得到的频谱图。

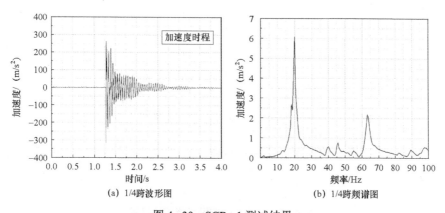

(a) 1/4 跨波形图   (b) 1/4 跨频谱图

图 4-30 SCB-1 测试结果

图 4-31 为简支试验梁 SCB-2 的某一次锤击下的 1/4 跨测点的波形图和自谱分析后得到的频谱图。

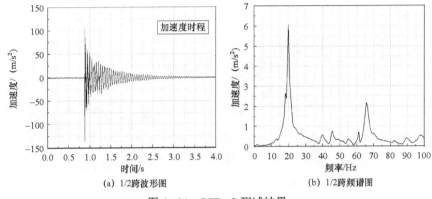

图 4-31　SCB-2 测试结果

　　图 4-32 为连续试验梁 SCB-3 的某一次锤击下的 1/2 跨测点的波形图和自谱分析后得到的频谱图。

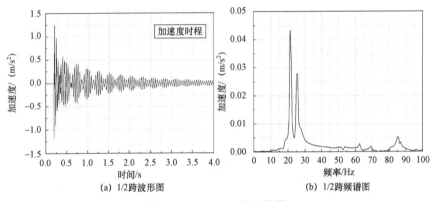

图 4-32　SCB-3 测试结果

　　从以上组合梁的自谱分析结果可得 3 根试验梁的前 2 阶自振频率，见表 4-1。

表 4-1　试验梁的自振频率测试结果

编号	试验梁	自振频率/Hz	
		第 1 阶	第 2 阶
1	SCB-1	20.00	65.44
2	SCB-2	19.38	63.13
3	SCB-3	21.56	25.31

4.4　不同计算方法的结果对比

本节主要包含试验结果验证、组合梁理论对比和频率近似解的适用性验证等 3 个部分。具体内容如下：

（1）试验结果验证。采用 ANSYS 有限元分析软件，模拟了 3 根试验梁。对比了 ANSYS 有限元计算结果和测试结果，说明了有限元模型的正确性和试验梁剪力钉等效均匀分布假定的合理性。

（2）组合梁理论对比。对比 ANSYS 有限元、Euler-Bernoulli 组合梁理论和 Shear 组合梁理论结果，从试验的角度说明组合梁动力分析时考虑剪切变形的必要性。

（3）频率近似解的适用性验证。通过对比 ANSYS 有限元、Shear 组合梁理论精确解和频率近似解，说明 4.2 节提出的组合梁频率近似解析表达式的适用性。

4.4.1　试验结果验证

为了验证本节钢–混组合梁试验结果的正确性，首先采用 ANSYS 有限元软件建立 SCB–1、SCB–2 和 SCB–3 等试验梁的有限元模型。模型中分别采用 SOLID65 单元和 SHELL63 单元模拟混凝土板和钢梁。SOLID65 单元的大小为 0.05 m×0.05 m×0.05 m；SHELL63 单元的大小为 0.05 m×0.05 m。剪力键采用 COMBIN39 三维弹簧单元，并使得竖向和平面外方向耦合但纵向为弹性约束。ANSYS 有限元模型如图 4–33 所示。

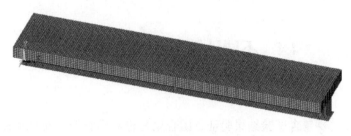

(a) SCB-1 和 SCB-2 模型

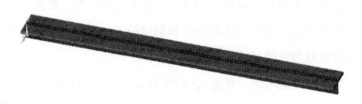

(b) SCB-3 模型

图 4-33　ANSYS 有限元模型

自振频率测试和 ANSYS 有限元结果对比见表 4-2。

表 4-2　试验梁的自振频率测试结果对比分析

试验梁	阶数	测试结果	ANSYS 有限元计算结果	
			剪力键实际布置	剪力键均匀布置
SCB-1	1	20.00	21.72	21.71
	2	65.44	67.18	67.70
SCB-2	1	19.38	21.08	21.08
	2	63.13	62.48	63.09
SCB-3	1	21.56	22.54	22.53
	2	25.31	32.19	32.20

图 4-34 给出了 3 根试验梁的前 2 阶振型的 ANSYS 有限元计算结果。

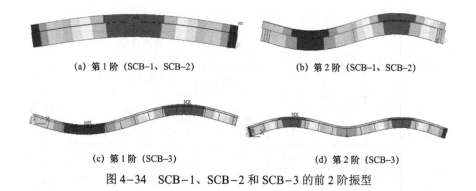

(a) 第 1 阶 (SCB–1、SCB–2)　　　　　(b) 第 2 阶 (SCB–1、SCB–2)

(c) 第 1 阶 (SCB–3)　　　　　(d) 第 2 阶 (SCB–3)

图 4–34　SCB–1、SCB–2 和 SCB–3 的前 2 阶振型

由图 4–34 可得，SCB–1、SCB–2 为简支钢–混组合梁，ANSYS 有限元计算所得的前两阶模态为正弦函数；SCB–3 为等跨连续钢–混组合梁，前两阶模态分别为反对称模态和对称模态；ANSYS 有限元计算结果与第 2 章中的理论分析结果相同。再者，由表 4–2 可得，SCB–1 和 SCB–2 的第 1、2 阶及 SCB–3 的第 1 阶自振频率测试结果与 ANSYS 有限元计算结果基本一致，但存在一定的相对误差。推断造成相对误差的主要原因为：其一，试验条件并不能保证试验梁是完全简支状态，尤其是对于连续钢–混组合梁这种超静定体系；其二，计算模型中采用 SOLID65、SHELL63 和 COMBIN39 近似模拟混凝土板、钢梁和剪力钉，而这种简化与实际情况存在一定的差异。

综上所述，本节建立的 ANSYS 有限元模型是正确的。剪力键均匀布置假定与剪力键实际布置的 ANSYS 有限元计算结果基本一致，说明本章分析时假定 3 根试验梁的剪力钉均匀布置是合理的。

4.4.2　组合梁理论对比

本节给出了 SCB–1、SCB–2 和 SCB–3 等试验梁的 ANSYS 有限元模型、Euler-Bernoulli 组合梁理论模型和 Shear 组合梁理论模型的前 3 阶自振频率分析结果，见表 4–3。表 4–3 中的文献[54]中考虑了剪切变形的影响，但是假定混凝土板和钢梁的剪切角是相等的。

表4-3　组合梁动力分析理论对比分析

试验梁	阶数	测试结果	ANSYS有限元模型	理论计算		
				Shear组合梁理论模型	文献[54]	Euler-Bernoulli组合梁理论模型
SCB–1	1	20.00	21.72	22.31	23.00（3.1%）	23.43（5.0%）
	2	65.44	67.18	71.59	77.85（8.7%）	82.37（15.1%）
	3	—	118.69	132.87	151.72（14.2%）	167.75（26.3%）
SCB–2	1	19.38	21.08	21.28	21.90（2.9%）	22.27（4.7%）
	2	63.13	62.48	67.02	72.32（7.9%）	75.96（13.3%）
	3	—	114.48	126.07	142.74（13.2%）	156.09（23.8%）
SCB–3	1	21.56	22.53	22.16	22.67（2.3%）	22.85（3.1%）
	2	25.31	32.20	31.41	32.96（4.9%）	33.75（7.4%）
	3	—	75.48	75.19	80.66（7.3%）	82.64（9.9%）

注：括号中的数字为相对于 Shear 组合梁理论的误差。

对比表 4–3 中 3 种理论模型结果可知，相比于文献[54]和 Euler-Bernoulli 组合梁理论模型，本书 Shear 组合梁理论模型结果与 ANSYS 有限元模型和测试结果更加接近。振型的阶数越高，文献[54]和 Euler- Bernoulli 组合梁理论模型相对于本书 Shear 组合梁理论模型的偏差越大。说明钢–混组合梁动力分析时，需要考虑剪切变形的影响，且不可假定子梁的剪切角是相等的。

4.4.3 频率近似解的适用性验证

本节以试验梁 SCB–2 为研究对象，采用 4.1.1 节中的 ANSYS 有限元模型建立方法，建立边界条件分别为悬臂、固支–简支和两端固支的单跨钢–混组合梁 ANSYS 有限元模型（计算跨径为 8.5 m），以及跨径分别为 (10.6+5.4) m、(10.0+6.0) m、(9.4+6.6) m、(8.9+7.1) m 和 (8.4+7.6) m 的两跨连续钢–混组合梁 ANSYS 有限元模型。计算单跨钢–混组合梁的前 3 阶自振频率和连续钢–混组合梁的第 1 阶自振频率，并与 4.2 节中的频率近似解进行对比，验证频率近似解的工程适用性。计算结果见表 4-4 和表 4-5。

表 4-4　单跨钢-混组合梁频率近似解对比分析

边界条件	阶数	ANSYS 有限元模型	自振频率/Hz	
			精确解	近似解
悬臂	1	7.11	7.39	7.48（1.2%）
	2	35.37	36.48	37.62（3.1%）
	3	79.39	85.42	85.24（-0.2%）
固支-简支	1	25.10	26.03	26.77（2.8%）
	2	63.33	69.46	70.31（1.2%）
	3	107.48	124.69	125.74（0.8%）
两端固支	1	33.21	33.63	34.78（3.4%）
	2	74.49	78.10	80.23（2.7%）
	3	125.76	134.66	137.59（2.2%）

注：括号中的数字为相对于精确解的误差。

表 4-4 表明，本书精确解与 ANSYS 有限元模型计算结果基本一致，说明本书的 Shear 组合梁理论是正确的，且适用于分析边界条件为悬臂、固支-简支和两端固支钢-混组合梁的自振特性。本章提出的近似解与精确解基本一致，最大相对误差仅为 3.4%，验证了本章提出的单跨钢-混组合梁频率近似表达式的工程适用性。

表 4-5　连续钢-混组合梁频率近似解对比分析

跨径/m	边中跨比	ANSYS 有限元模型	第 1 阶频率/Hz	
			精确解	近似解
10.6+5.4	0.5	15.37	15.45	14.78（-4.3%）
10.0+6.0	0.6	16.61	16.86	16.88（0.1%）
9.4+6.6	0.7	17.99	18.42	18.74（1.7%）
8.9+7.1	0.8	19.98	19.77	20.20（2.2%）
8.4+7.6	0.9	21.08	20.91	21.09（0.9%）

注：括号中的数字为相对于精确解的误差。

由表 4–5 显然可得，本书中的连续钢–混组合梁精确解［式（3–17）］与 ANSYS 有限元模型解基本一致，说明了本书精确解的正确性。本章中的连续组合梁基频近似解相对于精确解的最大误差仅为–4.3%（边中跨比为 0.5 时），验证了近似解的工程适用性。

4.5 小　　结

本章对钢–混组合梁的动力特性影响因素进行了研究，主要结论如下：

（1）钢–混组合梁动力特性分析时，不可忽略界面相对滑移和剪切变形的影响，但可以忽略转动惯量的影响，验证了 Shear 组合梁理论的正确性和合理性。剪力键刚度越大、剪弹模量比越小、高跨比越大、边界约束越强、频率阶数越高、子梁抗弯刚度比越大（表示钢梁越大，混凝土板越小），剪切变形的影响越明显。

（2）得到了两个无量纲系数：截面组合连接系数 $\alpha^*=KL^2/EA$ 和子梁抗弯刚度比 $\chi=EAh^2/EI$；由界面相对滑移造成的钢–混组合梁的频率折减系数仅与这两个无量纲系数有关，给出了不需考虑界面相对滑移影响的 α^* 界限值，并验证了考虑剪切变形的影响后，α 界限值保持不变。

（3）在简支钢–混组合梁自振频率表达式的基础上，提出了适用于分析悬臂、固支–简支和两端固支钢–混组合梁的各阶自振频率和连续钢–混组合梁基频的近似解析表达式。通过数值算例与精确解对比，验证了频率近似表达式的正确性。

（4）进行了 2 根简支钢–混组合梁和 1 根连续钢–混组合梁的室内试验，测得了组合梁的自振频率。对比 ANSYS 有限元结果、精确理论计算结果、近似解析表达式结果和试验测试结果，从试验的角度验证了 Shear 组合梁理论的正确性。

第 5 章　移动荷载作用下钢–混组合梁的振动分析

前述分析主要集中在钢–混组合梁的自振特性的研究，而未涉及其动力荷载下的响应分析。因此，本章的主要研究目标是提出一种适用于钢–混组合梁动力响应分析的方法。

应用于公路、铁路工程的钢–混组合梁主要承受的是移动车辆荷载。一方面，当车辆荷载值远小于梁体的自重时，可以忽略移动车辆荷载惯性力的影响，将其简化为移动集中力的形式；另一方面，文献 [95] 研究结果表明，在非共振速度区间内，等效移动荷载模型的挠度计算结果与车桥耦合系统模型的计算结果的相对误差在 5% 以内，共振速度区间内，相对误差在 10% 以内，即如果只进行梁体的位移分析，则移动车辆荷载可以简化为移动集中力。因此，本章主要对移动荷载下钢–混组合梁的动力响应进行分析，并将移动荷载简化为移动集中力。

5.1　基本动力方程

5.1.1　运动微分方程

第 3 章中的式（3–6）～式（3–9）给出了考虑剪切变形和界面相对滑移影响时在外荷载作用下钢–混组合梁无阻尼的运动微分方程。为了考虑组合梁黏性阻尼的影响，本节对钢-混组合梁的运动微分方程做以下推导。

考虑黏性阻尼的影响，则钢-混组合梁的运动微分方程式（3-6）～式（3-9）变为：

$$
\begin{cases}
EA\left(\dfrac{\partial^2 u_{cs}}{\partial x^2} - h_s\dfrac{\partial^2 \theta_s}{\partial x^2} - h_c\dfrac{\partial^2 \theta_c}{\partial x^2}\right) - Ku_{cs} = 0 \\[2mm]
EI_s\dfrac{\partial^2 \theta_s}{\partial x^2} + GA_s\left(\dfrac{\partial w}{\partial x} - \theta_s\right) - Kh_s u_{cs} = 0 \\[2mm]
EI_c\dfrac{\partial^2 \theta_c}{\partial x^2} + GA_c\left(\dfrac{\partial w}{\partial x} - \theta_c\right) - Kh_c u_{cs} = 0 \\[2mm]
GA\dfrac{\partial^2 w}{\partial x^2} - GA_s\dfrac{\partial \theta_s}{\partial x} - GA_c\dfrac{\partial \theta_c}{\partial x} - m\ddot{w} - c\dot{w} = -f
\end{cases}
\tag{5-1}
$$

式中，c 为黏性阻尼系数。

按照与第 3 章式（3-6）～式（3-9）中相同的推导过程，可以得到考虑黏性阻尼的钢-混组合梁运动微分方程的最终形式为：

$$
\begin{aligned}
&\frac{\partial^8 w(x,t)}{\partial x^8} - \eta_{31}\frac{\partial^6 w(x,t)}{\partial x^6} + \eta_{21}\frac{\partial^4 w(x,t)}{\partial x^4} - \eta_{32}m\frac{\partial^8 w(x,t)}{\partial x^6 \partial t^2} + \\
&\eta_{22}m\frac{\partial^6 w(x,t)}{\partial x^4 \partial t^2} - \eta_1 m\frac{\partial^4 w(x,t)}{\partial x^2 \partial t^2} + \eta_0 m\frac{\partial^2 w(x,t)}{\partial t^2} - \eta_{32}c\frac{\partial^7 w(x,t)}{\partial x^6 \partial t} + \\
&\eta_{22}c\frac{\partial^5 w(x,t)}{\partial x^4 \partial t} - \eta_1 c\frac{\partial^3 w(x,t)}{\partial x^2 \partial t} + \eta_0 c\frac{\partial w(x,t)}{\partial t} \\
&= \eta_{32}\frac{\partial^6 f(x,t)}{\partial x^6} - \eta_{22}\frac{\partial^4 f(x,t)}{\partial x^4} + \eta_1\frac{\partial^2 f(x,t)}{\partial x^2} - \eta_0 f(x,t)
\end{aligned}
\tag{5-2}
$$

式中，η_i（i=0, 1, 21, 22, 31, 32）见式（2-79）～式（2-81）。

采用分离变量法对式（5-2）进行求解，假定其解的形式为：

$$
w(x,t) = \phi(x)q(t)
\tag{5-3}
$$

式中，$\phi(x)$ 为振型函数；$q(t)$ 为振幅。

把式（5-3）代入式（5-2）可得：

$$\frac{d^8\phi(x)}{dx^8}q(t) - \eta_{31}\frac{d^6\phi(x)}{dx^6}q(t) + \eta_{21}\frac{d^4\phi(x)}{dx^4}q(t) - \eta_{32}m\frac{d^6\phi(x)}{dx^6}\ddot{q}(t) +$$

$$\eta_{22}m\frac{d^4\phi(x)}{dx^4}\ddot{q}(t) - \eta_1 m\frac{d^2\phi(x)}{dx^2}\ddot{q}(t) + \eta_0 m\phi(x)\ddot{q}(t) -$$

$$\eta_{32}c\frac{d^6\phi(x)}{dx^6}\dot{q}(t) + \eta_{22}c\frac{d^4\phi(x)}{dx^4}\dot{q}(t) - \eta_1 c\frac{d^2\phi(x)}{dx^2}\dot{q}(t) + \eta_0 c\phi(x)\dot{q}(t)$$

$$= -\eta_{32}\frac{\partial^6 f(x,t)}{\partial x^6} + \eta_{22}\frac{\partial^4 f(x,t)}{\partial x^4} - \eta_1\frac{\partial^2 f(x,t)}{\partial x^2} + \eta_0 f(x,t) \tag{5-4}$$

显然，式（5-4）可以重写为：

$$M^*\ddot{q}(t) + C^*\dot{q}(t) + K^*q(t) = F^*(x,t) \tag{5-5}$$

式中，M^*、C^*、K^*、F^*分别为广义质量、广义阻尼、广义刚度和广义外荷载，具体表达式为：

$$\begin{cases} M^* = m\left[\eta_0\phi(x) - \eta_1\frac{d^2\phi(x)}{dx^2} + \eta_{22}\frac{d^4\phi(x)}{dx^4} - \eta_{32}\frac{d^6\phi(x)}{dx^6}\right] \\[2mm] C^* = c\left[\eta_0\phi(x) - \eta_1\frac{d^2\phi(x)}{dx^2} + \eta_{22}\frac{d^4\phi(x)}{dx^4} - \eta_{32}\frac{d^6\phi(x)}{dx^6}\right] \\[2mm] K^* = \eta_{21}\frac{d^4\phi(x)}{dx^4} - \eta_{31}\frac{d^6\phi(x)}{dx^6} + \frac{d^8\phi(x)}{dx^8} \\[2mm] F^* = \eta_{32}\frac{\partial^6 f(x,t)}{\partial x^6} - \eta_{22}\frac{\partial^4 f(x,t)}{\partial x^4} + \eta_1\frac{\partial^2 f(x,t)}{\partial x^2} - \eta_0 f(x,t) \end{cases} \tag{5-6}$$

5.1.2　振型正交性

本节旨在推导简支钢-混组合梁的不同振型之间的正交关系。由功的互等定理可知，对于做无阻尼自由振动的钢-混组合梁，第 m 阶振型的惯性力在第 n 阶振型的位移上做的功与第 n 阶振型的惯性力在第 m 阶振型的位移上做的功相等。其公式表达为：

$$\int_0^L w_m(x,t) f_{\mathrm{I},n}(x,t)\mathrm{d}x = \int_0^L w_n(x,t) f_{\mathrm{I},m}(x,t)\mathrm{d}x \qquad (5-7)$$

式中，$f_{\mathrm{I},m}(x,t)$ 和 $f_{\mathrm{I},n}(x,t)$ 分别为第 m 和 n 阶振型的惯性力；$w_m(x,t)$ 和 $w_n(x,t)$ 分别为第 m 和 n 阶振型的位移。

对于做无阻尼自由振动的钢–混组合梁，第 m 和 n 阶振型的位移可以写为：

$$w_m(x,t) = q_m \phi_m(x)\sin \omega_m t \qquad (5-8)$$

$$w_n(x,t) = q_n \phi_n(x)\sin \omega_n t \qquad (5-9)$$

由式（5-5）可得，第 m 和 n 阶振型的惯性力为：

$$
\begin{aligned}
f_{\mathrm{I},m}(x,t) &= m\left(\eta_{32}\frac{\partial^8 w_m}{\partial x^6 \partial t^2} - \eta_{22}\frac{\partial^6 w_m}{\partial x^4 \partial t^2} + \eta_1 \frac{\partial^4 w_m}{\partial x^2 \partial t^2} - \eta_0 \frac{\partial^2 w_m}{\partial t^2} \right) \\
&= -q_m m \omega_m^2 \left(\eta_{32}\frac{\mathrm{d}^6 \phi_m}{\mathrm{d}x^6} - \eta_{22}\frac{\mathrm{d}^4 \phi_m}{\mathrm{d}x^4} + \eta_1 \frac{\mathrm{d}^2 \phi_m}{\mathrm{d}x^2} - \eta_0 \phi_m \right) \sin \omega_m t
\end{aligned}
$$

$$(5-10)$$

$$
\begin{aligned}
f_{\mathrm{I},n}(x,t) &= m\left(\eta_{32}\frac{\partial^8 w_n}{\partial x^6 \partial t^2} - \eta_{22}\frac{\partial^6 w_n}{\partial x^4 \partial t^2} + \eta_1 \frac{\partial^4 w_n}{\partial x^2 \partial t^2} - \eta_0 \frac{\partial^2 w_n}{\partial t^2} \right) \\
&= -q_n m \omega_n^2 \left(\eta_{32}\frac{\mathrm{d}^6 \phi_n}{\mathrm{d}x^6} - \eta_{22}\frac{\mathrm{d}^4 \phi_n}{\mathrm{d}x^4} + \eta_1 \frac{\mathrm{d}^2 \phi_n}{\mathrm{d}x^2} - \eta_0 \phi_n \right) \sin \omega_n t
\end{aligned}
$$

$$(5-11)$$

把式（5-8）～式（5-11）代入式（5-7）可得：

$$
\begin{aligned}
&\int_0^L q_n q_m m \omega_m^2 \left(\eta_{32}\frac{\mathrm{d}^6 \phi_m}{\mathrm{d}x^6} - \eta_{22}\frac{\mathrm{d}^4 \phi_m}{\mathrm{d}x^4} + \eta_1 \frac{\mathrm{d}^2 \phi_m}{\mathrm{d}x^2} - \eta_0 \phi_m \right) \phi_n \mathrm{d}x \\
&= \int_0^L q_n q_m m \omega_n^2 \left(\eta_{32}\frac{\mathrm{d}^6 \phi_n}{\mathrm{d}x^6} - \eta_{22}\frac{\mathrm{d}^4 \phi_n}{\mathrm{d}x^4} + \eta_1 \frac{\mathrm{d}^2 \phi_n}{\mathrm{d}x^2} - \eta_0 \phi_n \right) \phi_m \mathrm{d}x
\end{aligned}
$$

$$(5-12)$$

对式（5-12）的右侧使用分部积分，可得：

$$q_n q_m m \omega_n^2 \int_0^L \left(\eta_{32} \frac{\mathrm{d}^6 \phi_n}{\mathrm{d}x^6} - \eta_{22} \frac{\mathrm{d}^4 \phi_n}{\mathrm{d}x^4} + \eta_1 \frac{\mathrm{d}^2 \phi_n}{\mathrm{d}x^2} - \eta_0 \phi_n \right) \phi_m \mathrm{d}x$$

$$= q_n q_m m \omega_n^2 \left[\left(\eta_{32} \frac{\mathrm{d}^5 \phi_n}{\mathrm{d}x^5} - \eta_{22} \frac{\mathrm{d}^3 \phi_n}{\mathrm{d}x^3} + \eta_1 \frac{\mathrm{d}\phi_n}{\mathrm{d}x} \right) \phi_m \right]_0^L -$$

$$q_n q_m m \omega_n^2 \left[\left(\eta_{32} \frac{\mathrm{d}^4 \phi_n}{\mathrm{d}x^4} - \eta_{22} \frac{\mathrm{d}^2 \phi_n}{\mathrm{d}x^2} \right) \frac{\mathrm{d}\phi_m}{\mathrm{d}x} \right]_0^L + q_n q_m m \omega_n^2 \left(\eta_{32} \frac{\mathrm{d}^3 \phi_n}{\mathrm{d}x^3} \frac{\mathrm{d}^2 \phi_m}{\mathrm{d}x^2} \right)_0^L -$$

$$q_n q_m \omega_n^2 \int_0^L m \left(\eta_{32} \frac{\mathrm{d}^3 \phi_n}{\mathrm{d}x^3} \frac{\mathrm{d}^3 \phi_m}{\mathrm{d}x^3} + \eta_{22} \frac{\mathrm{d}^2 \phi_n}{\mathrm{d}x^2} \frac{\mathrm{d}^2 \phi_m}{\mathrm{d}x^2} + \eta_1 \frac{\mathrm{d}\phi_n}{\mathrm{d}x} \frac{\mathrm{d}\phi_m}{\mathrm{d}x} + \eta_0 \phi_n \phi_m \right) \mathrm{d}x$$

$$(5-13)$$

由简支或连续钢-混组合梁的梁端边界条件可得式（5-13）的前三项均为 0，则式（5-13）可以写为：

$$q_n q_m m \omega_n^2 \int_0^L \left(\eta_{32} \frac{\mathrm{d}^6 \phi_n}{\mathrm{d}x^6} - \eta_{22} \frac{\mathrm{d}^4 \phi_n}{\mathrm{d}x^4} + \eta_1 \frac{\mathrm{d}^2 \phi_n}{\mathrm{d}x^2} - \eta_0 \phi_n \right) \phi_m \mathrm{d}x$$

$$= -q_n q_m \omega_n^2 \int_0^L m \left(\eta_{32} \frac{\mathrm{d}^3 \phi_n}{\mathrm{d}x^3} \frac{\mathrm{d}^3 \phi_m}{\mathrm{d}x^3} + \eta_{22} \frac{\mathrm{d}^2 \phi_n}{\mathrm{d}x^2} \frac{\mathrm{d}^2 \phi_m}{\mathrm{d}x^2} + \eta_1 \frac{\mathrm{d}\phi_n}{\mathrm{d}x} \frac{\mathrm{d}\phi_m}{\mathrm{d}x} + \eta_0 \phi_n \phi_m \right) \mathrm{d}x$$

$$(5-14)$$

同理，式（5-12）的左端函数式可以写为：

$$q_n q_m m \omega_m^2 \int_0^L \left(\eta_{32} \frac{\mathrm{d}^6 \phi_m}{\mathrm{d}x^6} - \eta_{22} \frac{\mathrm{d}^4 \phi_m}{\mathrm{d}x^4} + \eta_1 \frac{\mathrm{d}^2 \phi_m}{\mathrm{d}x^2} - \eta_0 \phi_m \right) \phi_n \mathrm{d}x$$

$$= -q_n q_m \omega_m^2 \int_0^L m \left(\eta_{32} \frac{\mathrm{d}^3 \phi_m}{\mathrm{d}x^3} \frac{\mathrm{d}^3 \phi_n}{\mathrm{d}x^3} + \eta_{22} \frac{\mathrm{d}^2 \phi_m}{\mathrm{d}x^2} \frac{\mathrm{d}^2 \phi_n}{\mathrm{d}x^2} + \eta_1 \frac{\mathrm{d}\phi_m}{\mathrm{d}x} \frac{\mathrm{d}\phi_n}{\mathrm{d}x} + \eta_0 \phi_m \phi_n \right) \mathrm{d}x$$

$$(5-15)$$

把式（5-14）和式（5-15）代入式（5-12），可得：

$$\left(\omega_n^2 - \omega_m^2 \right) \times$$

$$\int_0^L m \left(\eta_{32} \frac{\mathrm{d}^3 \phi_n}{\mathrm{d}x^3} \frac{\mathrm{d}^3 \phi_m}{\mathrm{d}x^3} + \eta_{22} \frac{\mathrm{d}^2 \phi_n}{\mathrm{d}x^2} \frac{\mathrm{d}^2 \phi_m}{\mathrm{d}x^2} + \eta_1 \frac{\mathrm{d}\phi_n}{\mathrm{d}x} \frac{\mathrm{d}\phi_m}{\mathrm{d}x} + \eta_0 \phi_n \phi_m \right) \mathrm{d}x = 0$$

$$(5-16)$$

显然对于不同的振型，$\omega_n^2 - \omega_m^2 \neq 0$。因此：

$$\int_0^L m\left(\eta_{32}\frac{d^3\phi_n}{dx^3}\frac{d^3\phi_m}{dx^3} + \eta_{22}\frac{d^2\phi_n}{dx^2}\frac{d^2\phi_m}{dx^2} + \eta_1\frac{d\phi_n}{dx}\frac{d\phi_m}{dx} + \eta_0\phi_n\phi_m\right)dx = 0$$

$$(5\text{-}17)$$

式（5-17）即为关于钢-混组合梁质量的正交条件。

对于做无阻尼自由振动的钢-混组合梁，式（5-2）可以重写为：

$$\frac{\partial^8 w}{\partial x^8} - \eta_{31}\frac{\partial^6 w}{\partial x^6} + \eta_{21}\frac{\partial^4 w}{\partial x^4}$$
$$= m\left(\eta_{32}\frac{\partial^8 w}{\partial x^6\partial t^2} - \eta_{22}\frac{\partial^6 w}{\partial x^4\partial t^2} + \eta_1\frac{\partial^4 w}{\partial x^2\partial t^2} - \eta_0\frac{\partial^2 w}{\partial t^2}\right) \quad (5\text{-}18)$$

把式（5-8）代入式（5-18），则有：

$$\frac{d^8\phi_n}{dx^8} - \eta_{31}\frac{d^6\phi_n}{dx^6} + \eta_{21}\frac{d^4\phi_n}{dx^4}$$
$$= -m\omega_n^2\left(\eta_{32}\frac{d^6\phi_n}{dx^6} - \eta_{22}\frac{d^4\phi_n}{dx^4} + \eta_1\frac{d^2\phi_n}{dx^2} - \eta_0\phi_n\right) \quad (5\text{-}19)$$

把式（5-19）代入式（5-12），并重复推导步骤式（5-12）～式（5-17），即可得到关于钢-混组合梁刚度的正交条件为：

$$\int_0^L\left(\frac{d^4\phi_n}{dx^4}\frac{d^4\phi_m}{dx^4} + \eta_{31}\frac{d^3\phi_n}{dx^3}\frac{d^3\phi_m}{dx^3} + \eta_{21}\frac{d^2\phi_n}{dx^2}\frac{d^2\phi_m}{dx^2}\right)dx = 0 \quad (5\text{-}20)$$

由于假定 $c=2\xi\omega m$（ζ 为阻尼比），所以钢-混组合梁的阻尼也具有正交性，正交条件与质量正交条件一致。

5.1.3 动力响应分析

利用质量和刚度的振型正交性，采用振型叠加的方式对运动微分方程式（5-2）进行解耦，

$$w(x,t) = \sum_{i=1}^{\infty}\phi_i(x)q_i(t) \quad (5\text{-}21)$$

把式（5-21）代入式（5-2），可得：

$$\sum_{i=1}^{\infty}\left(-\eta_{32}m\frac{d^6\phi_i}{dx^6}+\eta_{22}m\frac{d^4\phi_i}{dx^4}-\eta_1 m\frac{d^2\phi_i}{dx^2}+\eta_0 m\phi_i\right)\ddot{q}_i(t)+$$

$$\sum_{i=1}^{\infty}\left(-\eta_{32}c\frac{d^6\phi_i}{dx^6}+\eta_{22}c\frac{d^4\phi_i}{dx^4}-\eta_1 c\frac{d^2\phi_i}{dx^2}+\eta_0 c\phi_i\right)\dot{q}_i(t)+$$

$$\sum_{i=1}^{\infty}\left(\frac{d^8\phi_i}{dx^8}-\eta_{31}\frac{d^6\phi_i}{dx^6}+\eta_{21}\frac{d^4\phi_i}{dx^4}\right)q_i(t)$$

$$=-\eta_{32}\frac{\partial^6 f}{\partial x^6}+\eta_{22}\frac{\partial^4 f}{\partial x^4}-\eta_1\frac{\partial^2 f}{\partial x^2}+\eta_0 f \qquad (5-22)$$

在式（5–22）的两边同时乘以第 n 阶振型，并沿梁长 L 进行积分，可得：

$$\sum_{i=1}^{\infty}\ddot{q}_i(t)\int_0^L m\left(\eta_0\phi_i(x)-\eta_1\frac{d^2\phi_i}{dx^2}+\eta_{22}\frac{d^4\phi_i}{dx^4}-\eta_{32}\frac{d^6\phi_i}{dx^6}\right)\phi_n dx+$$

$$\sum_{i=1}^{\infty}\dot{q}_i(t)\int_0^L c\left(\eta_0\phi_i(x)-\eta_1\frac{d^2\phi_i}{dx^2}+\eta_{22}\frac{d^4\phi_i}{dx^4}-\eta_{32}\frac{d^6\phi_i}{dx^6}\right)\phi_n dx+$$

$$\sum_{i=1}^{\infty}q_i(t)\int_0^L\left(\frac{d^8\phi_i}{dx^8}-\eta_{31}\frac{d^6\phi_i}{dx^6}+\eta_{21}\frac{d^4\phi_i}{dx^4}\right)\phi_n dx$$

$$=\int_0^L\left[\eta_0 f(x,t)-\eta_1\frac{\partial^2 f(x,t)}{\partial x^2}+\eta_{22}\frac{\partial^4 f(x,t)}{\partial x^4}-\eta_{32}\frac{\partial^6 f(x,t)}{\partial x^6}\right]\phi_n dx$$

$$(5-23)$$

把式（5–19）和 $c=2\xi\omega m$ 代入式（5–23），可得：

$$\sum_{i=1}^{\infty}\ddot{q}_i(t)\int_0^L m\left(\eta_0\phi_i(x)-\eta_1\frac{d^2\phi_i}{dx^2}+\eta_{22}\frac{d^4\phi_i}{dx^4}-\eta_{32}\frac{d^6\phi_i}{dx^6}\right)\phi_n dx+$$

$$\sum_{i=1}^{\infty}\dot{q}_i(t)\int_0^L 2\xi_i\omega_i\left(\eta_0\phi_i(x)-\eta_1\frac{d^2\phi_i}{dx^2}+\eta_{22}\frac{d^4\phi_i}{dx^4}-\eta_{32}\frac{d^6\phi_i}{dx^6}\right)\phi_n dx+$$

$$\sum_{i=1}^{\infty}q_i(t)\int_0^L m\omega_i^2\left(\eta_0\phi_i(x)-\eta_1\frac{d^2\phi_i}{dx^2}+\eta_{22}\frac{d^4\phi_i}{dx^4}-\eta_{32}\frac{d^6\phi_i}{dx^6}\right)\phi_n dx$$

$$=\int_0^L\left[\eta_0 f(x,t)-\eta_1\frac{\partial^2 f(x,t)}{\partial x^2}+\eta_{22}\frac{\partial^4 f(x,t)}{\partial x^4}-\eta_{32}\frac{\partial^6 f(x,t)}{\partial x^6}\right]\phi_n dx$$

$$(5-24)$$

对式（5−24）进行分部积分，可得：

$$\sum_{i=1}^{\infty}\left[\ddot{q}_i(t)+2\xi_i\omega_i\dot{q}_i(t)+\omega_i^2 q_i(t)\right]\times$$

$$\left[\int_0^L m\eta_0\phi_i\phi_n\mathrm{d}x-m\left(\eta_{32}\frac{\mathrm{d}^5\phi_i}{\mathrm{d}x^5}-\eta_{22}\frac{\mathrm{d}^3\phi_i}{\mathrm{d}x^3}+\eta_1\frac{\mathrm{d}\phi_i}{\mathrm{d}x}\right)\phi_n\bigg|_0^L+\right.$$

$$m\left(\eta_{32}\frac{\mathrm{d}^4\phi_i}{\mathrm{d}x^4}-\eta_{22}\frac{\mathrm{d}^2\phi_i}{\mathrm{d}x^2}\right)\frac{\mathrm{d}\phi_n}{\mathrm{d}x}\bigg|_0^L-m\eta_{32}\frac{\mathrm{d}^3\phi_i}{\mathrm{d}x^3}\frac{\mathrm{d}^2\phi_n}{\mathrm{d}x^2}\bigg|_0^L+$$

$$\left.\int_0^L m\eta_1\frac{\mathrm{d}\phi_i}{\mathrm{d}x}\frac{\mathrm{d}\phi_n}{\mathrm{d}x}\mathrm{d}x+\int_0^L m\eta_{22}\frac{\mathrm{d}^2\phi_i}{\mathrm{d}x^2}\frac{\mathrm{d}^2\phi_n}{\mathrm{d}x^2}\mathrm{d}x+\int_0^L m\eta_{32}\frac{\mathrm{d}^3\phi_i}{\mathrm{d}x^3}\frac{\mathrm{d}^3\phi_n}{\mathrm{d}x^3}\mathrm{d}x\right]$$

$$=\int_0^L\left[\eta_0 f(x,t)-\eta_1\frac{\partial^2 f(x,t)}{\partial x^2}+\eta_{22}\frac{\partial^4 f(x,t)}{\partial x^4}-\eta_{32}\frac{\partial^6 f(x,t)}{\partial x^6}\right]\phi_n\mathrm{d}x$$

$$(5-25)$$

根据钢−混组合梁的振型正交条件，可知当 $i\neq n$ 时，上述振动方程的部分项为 0。再者，由简支或连续钢−混组合梁的梁端边界条件可得：

$$\left[\ddot{q}_n(t)+2\xi_n\omega_n\dot{q}_n(t)+\omega_n^2 q_n(t)\right]\times$$

$$\int_0^L m\left(\eta_0\phi_n\phi_n+\eta_1\frac{\mathrm{d}\phi_n}{\mathrm{d}x}\frac{\mathrm{d}\phi_n}{\mathrm{d}x}+\eta_{22}\frac{\mathrm{d}^2\phi_n}{\mathrm{d}x^2}\frac{\mathrm{d}^2\phi_n}{\mathrm{d}x^2}+\eta_{32}\frac{\mathrm{d}^3\phi_n}{\mathrm{d}x^3}\frac{\mathrm{d}^3\phi_n}{\mathrm{d}x^3}\right)\mathrm{d}x$$

$$=\int_0^L\left[\eta_0 f(x,t)-\eta_1\frac{\partial^2 f(x,t)}{\partial x^2}+\eta_{22}\frac{\partial^4 f(x,t)}{\partial x^4}-\eta_{32}\frac{\partial^6 f(x,t)}{\partial x^6}\right]\phi_n\mathrm{d}x$$

$$(5-26)$$

进一步，钢−混组合梁第 n 阶振型的运动微分方程为：

$$\ddot{q}_n(t)+2\xi_n\omega_n\dot{q}_n(t)+\omega_n^2 q_n(t)=\frac{1}{M_n^*}F_n^*(t) \qquad (5-27)$$

$$\begin{cases} M_n^*=m\int_0^L\left(\eta_0\phi_n\phi_n+\eta_1\dfrac{\mathrm{d}\phi_n}{\mathrm{d}x}\dfrac{\mathrm{d}\phi_n}{\mathrm{d}x}+\eta_{22}\dfrac{\mathrm{d}^2\phi_n}{\mathrm{d}x^2}\dfrac{\mathrm{d}^2\phi_n}{\mathrm{d}x^2}+\eta_{32}\dfrac{\mathrm{d}^3\phi_n}{\mathrm{d}x^3}\dfrac{\mathrm{d}^3\phi_n}{\mathrm{d}x^3}\right)\mathrm{d}x \\[4mm] F_n^*=\int_0^L\left[\eta_0 f(x,t)-\eta_1\dfrac{\partial^2 f(x,t)}{\partial x^2}+\eta_{22}\dfrac{\partial^4 f(x,t)}{\partial x^4}-\eta_{32}\dfrac{\partial^6 f(x,t)}{\partial x^6}\right]\phi_n\mathrm{d}x \end{cases}$$

$$(5-28)$$

利用 Duhamel 积分，可得到式（5–27）的解为：

$$q_n(t) = e^{-\xi_n \omega_n t}\left[\frac{\dot{q}(0) + q(0)\xi_n \omega_n}{\omega_{Dn}}\sin \omega_{Dn}t + q(0)\cos \omega_{Dn}t\right] + \tag{5-29}$$
$$\frac{1}{M_n^* \omega_{Dn}}\int_0^t F_n^*(\tau)e^{-\xi_n \omega_n(t-\tau)}\sin \omega_{Dn}(t-\tau)\mathrm{d}\tau$$

$$\omega_{Dn} = \omega_n \sqrt{1-\xi_n^2} \tag{5-30}$$

式中，ω_{Dn} 为考虑阻尼影响的第 n 阶自振频率。

式（5–29）中的 $q(0)$ 和 $\dot{q}(0)$ 分别为钢–混组合梁竖向运动的初始位移和初始加速度，可以由式（5–28）求得：

$$q(0) = \frac{1}{M_n^*}\int_0^L m\left[\eta_0 \phi_n w(x,0) + \eta_1 \frac{\mathrm{d}\phi_n}{\mathrm{d}x}\frac{\partial w(x,0)}{\partial x} + \eta_{22}\frac{\mathrm{d}^2\phi_n}{\mathrm{d}x^2}\frac{\partial^2 w(x,0)}{\partial x^2} + \right.$$
$$\left.\eta_{32}\frac{\mathrm{d}^3\phi_n}{\mathrm{d}x^3}\frac{\partial^3 w(x,0)}{\partial x^3}\right]\mathrm{d}x$$

$$\tag{5-31}$$

$$\dot{q}(0) = \frac{1}{M_n^*}\int_0^L m\left[\eta_0 \phi_n \dot{w}(x,0) + \eta_1 \frac{\mathrm{d}\phi_n}{\mathrm{d}x}\frac{\partial \dot{w}(x,0)}{\partial x} + \eta_{22}\frac{\mathrm{d}^2\phi_n}{\mathrm{d}x^2}\frac{\partial^2 \dot{w}(x,0)}{\partial x^2} + \right.$$
$$\left.\eta_{32}\frac{\mathrm{d}^3\phi_n}{\mathrm{d}x^3}\frac{\partial^3 \dot{w}(x,0)}{\partial x^3}\right]\mathrm{d}x$$

$$\tag{5-32}$$

则任意动力荷载下，钢–混组合梁的竖向振动位移 $w(x,t)$ 为：

$$w(x,t) = \sum_{i=1}^{\infty}q_i(t)\phi_i(x) \tag{5-33}$$

式（5–33）即为求解钢–混组合梁动力响应的振型叠加法。其中，钢–混组合梁的频率和振型可由第 2 章和第 3 章求得。

5.2 移动集中力作用下简支钢–混组合梁解析解

本节研究对象为单个移动集中力 f 在跨径为 L 的简支钢–混组合梁上

以速度 V 移动的情况，如图 5-1 所示。当作用多个集中荷载时，采用线性叠加即可。

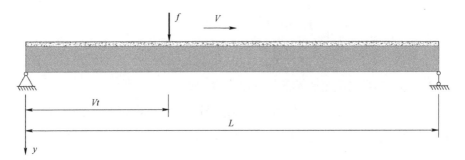

图 5-1 移动荷载作用下的简支钢-混组合梁

对于如上所述的移动集中力 f，其对应的式（5-2）中的外荷载 $f(x,t)$ 可写为：

$$f(x,t) = f(t)\delta(x-Vt) \tag{5-34}$$

式中，$\delta(x-Vt)$ 为 Dirac 函数，其特性见式（3-2）～式（3-5）。

把式（5-34）和简支钢-混组合梁的振型 $\phi_n(x) = \sin(n\pi x/L)$ 代入运动微分方程式（5-27），可得简支钢-混组合梁的第 n 阶振型的动力平衡方程式为：

$$\ddot{q}_n(t) + 2\xi_n\omega_n\dot{q}_n(t) + \omega_n^2 q_n(t) = \frac{1}{M_n^*}F_n^*(t) \tag{5-35}$$

$$M_n^* = m\int_0^L \left[\eta_0\left(\sin\frac{n\pi x}{L}\right)^2 + \eta_1\left(\frac{n\pi}{L}\cos\frac{n\pi x}{L}\right)^2 + \eta_{22}\left(\frac{n^2\pi^2}{L^2}\sin\frac{n\pi x}{L}\right)^2 + \right.$$

$$\left. \eta_{32}\left(\frac{n^3\pi^3}{L^3}\cos\frac{n\pi x}{L}\right)^2 \right]\mathrm{d}x$$

$$= \frac{mL}{2}\left[\eta_0 + \eta_1\left(\frac{n\pi}{L}\right)^2 + \eta_{22}\left(\frac{n\pi}{L}\right)^4 + \eta_{32}\left(\frac{n\pi}{L}\right)^6 \right] \tag{5-36}$$

$$F_n^*(t) = \int_0^L f\left[\eta_{32}\frac{\partial^6 \delta(x-Vt)}{\partial x^6} - \eta_{22}\frac{\partial^4 \delta(x-Vt)}{\partial x^4} + \eta_1\frac{\partial^2 \delta(x-Vt)}{\partial x^2} - \right.$$

$$\left.\eta_0\delta(x-Vt)\right]\sin\frac{n\pi x}{L}dx$$

$$= \begin{cases} \left[\eta_0 + \eta_1\left(\dfrac{n\pi}{L}\right)^2 + \eta_{22}\left(\dfrac{n\pi}{L}\right)^4 + \eta_{32}\left(\dfrac{n\pi}{L}\right)^6\right]f\sin\dfrac{n\pi Vt}{L} & 0\leqslant t\leqslant t_0 \\ 0 & t>t_0 \end{cases}$$

$$(5-37)$$

式中，t_0 为移动集中力过桥的时间。即当 $t>t_0$ 后，简支钢-混组合梁做自由振动。

　　进一步，式（5-37）可以改写为以下两个部分，荷载过桥时间段（$0\leqslant t\leqslant t_0$）的桥梁受迫振动 [式（5-38）] 和荷载离桥后的时间段（$t>t_0$）的桥梁自由振动 [式（5-39）]。

$$\ddot{q}_n(t) + 2\xi_n\omega_n\dot{q}_n(t) + \omega_n^2 q_n(t) = \frac{2f}{mL}\sin\frac{n\pi Vt}{L} \qquad 0\leqslant t\leqslant t_0 \qquad (5-38)$$

$$\ddot{q}_n(t) + 2\xi_n\omega_n\dot{q}_n(t) + \omega_n^2 q_n(t) = 0 \qquad t>t_0 \qquad (5-39)$$

　　显然，式（5-38）和式（5-39）与普通简支梁的第 n 阶振型的动力平衡方程相同。但值得注意的是，式中自振频率 ω_n 的求解比普通简支梁更加复杂，其解析表达式为式（2-90）。

1. 桥梁受迫振动（$0\leqslant t\leqslant t_0$）

式（5-38）的解为：

$$q_n(t) = \frac{2}{mL}\sum_{n=1}^{\infty}\frac{1}{\omega_{Dn}}\int_0^t f\sin n\omega_f\tau\sin\omega_{Dn}(t-\tau)e^{-\omega_{bn}(t-\tau)}d\tau \qquad (5-40)$$

式中，$\omega_{bn}=\xi_n\omega_n$ 为临界阻尼圆频率；$\omega_f=\pi V/L$ 为荷载激励圆频率。

　　简支钢-混组合梁的横向振动位移可写为：

$$w(x,t) = \sum_{n=1}^{\infty}q_n(t)\phi_n(x)$$

$$= \frac{2}{mL}\sum_{n=1}^{\infty}\frac{1}{\omega_{Dn}}\sin\frac{n\pi x}{L}\int_0^t f\sin n\omega_f\tau\sin\omega_{Dn}(t-\tau)e^{-\omega_{bn}(t-\tau)}d\tau \qquad (5-41)$$

2. 桥梁自由振动（$t>t_0$）

式（5-39）的解为：

$$q_n(t) = \mathrm{e}^{-\xi_n \omega_n(t-t_0)} \times$$

$$\left[\frac{\dot{q}_n(t_0) + q_n(t_0)\xi_n \omega_n}{\omega_{\mathrm{D}n}} \sin \omega_{\mathrm{D}n}(t-t_0) + q_n(t_0)\cos \omega_{\mathrm{D}n}(t-t_0) \right] \quad (5-42)$$

式（5－40）～式（5－42）可采用 Newmark－β 法进行求解，但是考虑到 Newmark－β 法不如显式解析解计算效率高，且存在一定的计算误差，因此本节以下部分给出了移动集中力作用下，简支钢－混组合梁竖向振动位移的显式解析表达式。

5.2.1 竖向振动

式（5－40）中的积分形式可利用以下所示的 3 个公式进行求解。

（1）三角变换公式：

$$\sin n\omega_{\mathrm{f}}\tau \sin \omega_{\mathrm{D}n}(t-\tau)$$

$$= \frac{1}{2}\left\{ \cos\left[\omega_{\mathrm{D}n}t - (n\omega_{\mathrm{f}} + \omega_{\mathrm{D}n})\tau \right] - \cos\left[\omega_{\mathrm{D}n}t + (n\omega_{\mathrm{f}} - \omega_{\mathrm{D}n})\tau \right] \right\} \quad (5-43)$$

（2）两个函数积分精确解计算公式：

$$\int_0^t \sin(a+b\tau)\mathrm{e}^{(c+\mathrm{d}\tau)}\mathrm{d}\tau$$

$$= \frac{1}{b^2+d^2}\left\{ \left[d\sin(a+b\tau) - b\cos(a+b\tau) \right]\mathrm{e}^{(c+\mathrm{d}\tau)} \right\}\Bigg|_0^t \quad (5-44)$$

$$\int_0^t \cos(a+b\tau)\mathrm{e}^{(c+\mathrm{d}\tau)}\mathrm{d}\tau$$

$$= \frac{1}{b^2+d^2}\left\{ \left[b\sin(a+b\tau) + d\cos(a+b\tau) \right]\mathrm{e}^{(c+\mathrm{d}\tau)} \right\}\Bigg|_0^t \quad (5-45)$$

把式（5－43）代入式（5－40），并利用上述两个函数积分公式，可以得到式（5－40）中 $q_n(t)$ 的显式解析表达式。

$$q_n(t) = \frac{1}{mL\omega_{\mathrm{D}n}}f\left\{ \frac{1}{(n\omega_{\mathrm{f}} + \omega_{\mathrm{D}n})^2 + \omega_{bn}^2} \times \right.$$

$$\left\{ \left[(n\omega_{\mathrm{f}} + \omega_{\mathrm{D}n})\sin n\omega_{\mathrm{f}}t + \omega_{bn}\cos n\omega_{\mathrm{f}}t \right] + \right.$$

$$\left. \left[(n\omega_{\mathrm{f}} + \omega_{\mathrm{D}n})\sin \omega_{\mathrm{D}n}t - \omega_{bn}\cos \omega_{\mathrm{D}n}t \right]\mathrm{e}^{-\omega_{bn}t} \right\} -$$

$$\frac{1}{(n\omega_{\mathrm{f}} - \omega_{\mathrm{D}n})^2 + \omega_{bn}^2}\left\{ \left[(n\omega_{\mathrm{f}} - \omega_{\mathrm{D}n})\sin n\omega_{\mathrm{f}}t + \omega_{bn}\cos n\omega_{\mathrm{f}}t \right] - \right.$$

$$\left. \left. \left[(n\omega_{\mathrm{f}} - \omega_{\mathrm{D}n})\sin \omega_{\mathrm{D}n}t + \omega_{bn}\cos \omega_{\mathrm{D}n}t \right]\mathrm{e}^{-\omega_{bn}t} \right\} \right\} \quad (5-46)$$

移动荷载过桥后，桥梁做自由振动，此时，$q_n(t)$ 见式（5−42）。其中，初始位移和初始速度分别可以写为：

$$q_n(t_0) = \frac{f}{mL\omega_{Dn}} \Biggl(\frac{1}{(n\omega_f + \omega_{Dn})^2 + \omega_{bn}^2} \times$$

$$\Bigl\{ \bigl[(n\omega_f + \omega_{Dn})\sin n\omega_f t_0 + \omega_{bn}\cos n\omega_f t_0 \bigr] +$$

$$\bigl[(n\omega_f + \omega_{Dn})\sin \omega_{Dn} t_0 - \omega_{bn}\cos \omega_{Dn} t_0 \bigr] e^{-\omega_{bn} t_0} \Bigr\} -$$

$$\frac{1}{(n\omega_f - \omega_{Dn})^2 + \omega_{bn}^2} \Bigl\{ \bigl[(n\omega_f - \omega_{Dn})\sin n\omega_f t_0 + \omega_{bn}\cos n\omega_f t_0 \bigr] -$$

$$\bigl[(n\omega_f - \omega_{Dn})\sin \omega_{Dn} t_0 + \omega_{bn}\cos \omega_{Dn} t_0 \bigr] e^{-\omega_{bn} t_0} \Bigr\} \Biggr)$$

$$\text{（5−47）}$$

$$\dot{q}_n(t_0) = \frac{f}{mL\omega_{Dn}} \Biggl(\frac{1}{(n\omega_f + \omega_{Dn})^2 + \omega_{bn}^2} \times$$

$$\Bigl\{ \bigl[(n\omega_f + \omega_{Dn})n\omega_f \cos n\omega_f t_0 - \omega_{bn}n\omega_f \sin n\omega_f t_0 \bigr] +$$

$$\bigl[(n\omega_f + \omega_{Dn})\omega_{Dn}\cos \omega_{Dn} t_0 + \omega_{bn}\omega_{Dn}\sin \omega_{Dn} t_0 \bigr] e^{-\omega_{bn} t_0} -$$

$$\omega_{bn}\bigl[(n\omega_f + \omega_{Dn})\sin \omega_{Dn} t_0 - \omega_{bn}\cos \omega_{Dn} t_0 \bigr] e^{-\omega_{bn} t} \Bigr\} -$$

$$\frac{1}{(n\omega_f - \omega_{Dn})^2 + w_{bn}^2} \times$$

$$\text{（5−48）}$$

$$\Bigl\{ \bigl[(n\omega_f - \omega_{Dn})n\omega_f \cos n\omega_f t_0 - \omega_{bn}n\omega_f \sin n\omega_f t_0 \bigr] -$$

$$\bigl[(n\omega_f - \omega_{Dn})\omega_{Dn}\cos \omega_{Dn} t_0 - \omega_{bn}\omega_{Dn}\sin \omega_{Dn} t_0 \bigr] e^{-\omega_{bn} t_0} +$$

$$\omega_{bn}\bigl[(n\omega_f - \omega_{Dn})\sin \omega_{Dn} t_0 + \omega_{bn}\cos \omega_{Dn} t_0 \bigr] e^{-\omega_{bn} t_0} \Bigr\} \Biggr)$$

式（5−48）与文献［96］中普通简支梁的移动荷载下解析解相同，进一步证明了本书上述解析解是正确的。

以上推导过程说明，若在简支钢−混组合梁上施加的是如图 5-2 所示的移动质量块或车轮−弹簧−阻尼−质量系统，则简支钢−混组合梁的响应与普通简支梁完全一致。文献［96］中已给出了移动质量块或车轮−弹簧–阻尼–质量系统下,采用振型叠加法求解普通简支梁动力响应的过程,因此,本章不再赘述。

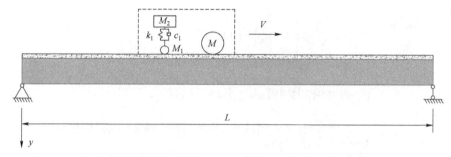

图 5-2　移动质量块或车轮–弹簧–阻尼–质量系统作用下的简支钢–混组合梁

5.2.2　界面相对滑移

由于竖向位移表达式为:

$$w(x,t) = \sum_{n=1}^{\infty} q_n(t) \sin \frac{n\pi x}{L} \qquad (5-49)$$

则式(3-6)~式(3-8)中的子梁界面相对滑移 u_{cs}、转角 θ_c 和 θ_s 可以写为:

$$u_{cs}(x,t) = \sum_{n=1}^{\infty} A_n(t) \cos \frac{n\pi x}{L} \qquad (5-50)$$

$$\theta_s(x,t) = \sum_{n=1}^{\infty} B_n(t) \cos \frac{n\pi x}{L} \qquad (5-51)$$

$$\theta_c(x,t) = \sum_{n=1}^{\infty} C_n(t) \cos \frac{n\pi x}{L} \qquad (5-52)$$

式中, $A_n(t)$、$B_n(t)$ 和 $C_n(t)$ 为待定系数。

把式(5-50)~式(5-52)代入式(3-6)~式(3-8)中,可得:

$$\left[EA\left(\frac{n\pi}{L}\right)^2 + K \right] A_n(t) - EA\left(\frac{n\pi}{L}\right)^2 h_s B_n(t) - EA\left(\frac{n\pi}{L}\right)^2 h_c C_n(t) = 0 \qquad (5-53)$$

$$Kh_s A_n(t) + \left[EI_s\left(\frac{n\pi}{L}\right)^2 + GA_s \right] B_n(t) + GA_s \frac{n\pi}{L} q_n(t) = 0 \qquad (5-54)$$

$$Kh_{\mathrm{c}}A_n(t)+\left[EI_{\mathrm{c}}\left(\frac{n\pi}{L}\right)^2+GA_{\mathrm{c}}\right]C_n(t)+GA_{\mathrm{c}}\frac{n\pi}{L}q_n(t)=0 \quad (5\text{-}55)$$

由式（5–53）～式（5–55）可以解出待定系数 $A_n(t)$、$B_n(t)$ 和 $C_n(t)$。

$$A_n(t)=A_nq_n(t)$$

$$=-\frac{\dfrac{GA_{\mathrm{s}}h_{\mathrm{s}}n\pi L}{EI_{\mathrm{s}}(n\pi)^2+GA_{\mathrm{s}}L^2}+\dfrac{GA_{\mathrm{c}}h_{\mathrm{c}}n\pi L}{EI_{\mathrm{c}}(n\pi)^2+GA_{\mathrm{c}}L^2}}{1+\dfrac{KL^2}{EA(n\pi)^2}+\dfrac{Kh_{\mathrm{s}}^2L^2}{EI_{\mathrm{s}}(n\pi)^2+GA_{\mathrm{s}}L^2}+\dfrac{Kh_{\mathrm{c}}^2L^2}{EI_{\mathrm{c}}(n\pi)^2+GA_{\mathrm{c}}L^2}}q_n(t)$$

$$(5\text{-}56)$$

$$B_n(t)=B_nq_n(t)=\frac{-Kh_{\mathrm{s}}L^2A_n-GA_{\mathrm{s}}n\pi L}{EI_{\mathrm{s}}(n\pi)^2+GA_{\mathrm{s}}L^2}q_n(t) \quad (5\text{-}57)$$

$$C_n(t)=C_nq_n(t)=\frac{-Kh_{\mathrm{c}}L^2A_n-GA_{\mathrm{c}}n\pi L}{EI_{\mathrm{c}}(n\pi)^2+GA_{\mathrm{c}}L^2}q_n(t) \quad (5\text{-}58)$$

因此，界面相对滑移 u_{cs} 可以由式（5–50）和式（5–56）求得。

如果剪切模量为无穷大，即不考虑剪切变形的影响，则式（5–56）退化为：

$$A_n(t)=-\frac{\left(\dfrac{n\pi}{L}\right)^3 h}{\dfrac{K}{EA}+\left(\dfrac{n\pi}{L}\right)^2}q_n(t) \quad (5\text{-}59)$$

式（5–59）与文献［36］中的界面相对滑移的解完全一致，该文献是基于 Euler-Bernoulli 梁理论。这也从理论角度证明了本章的计算公式是正确的。

5.2.3　截面正应力

由式（5–50），可以把轴向位移 u_{s} 和 u_{c} 的解假定为：

$$u_{\mathrm{s}}(x,t)=\sum_{n=1}^{\infty}D_n(t)\cos\frac{n\pi x}{L} \quad (5\text{-}60)$$

$$u_{\mathrm{c}}(x,t)=\sum_{n=1}^{\infty}E_n(t)\cos\frac{n\pi x}{L} \quad (5\text{-}61)$$

把式（5–60）和式（5–61）分别代入式（2–37）和式（2–38），可求得混凝土板和钢梁的轴向位移 u_c 和 u_s 的振幅为：

$$D_n(t) = -\frac{KL^2}{EA_s(n\pi)^2} A_n(t) \tag{5-62}$$

$$E_n(t) = \frac{KL^2}{EA_c(n\pi)^2} A_n(t) \tag{5-63}$$

因此，由式（2–42）～式（2–45）可得混凝土板和钢梁的轴力 N_c、N_s 和弯矩 M_c、M_s。

$$\begin{cases} N_s = E_s A_s \dfrac{\partial u_s}{\partial x} = -EA_s \displaystyle\sum_{n=1}^{\infty} \dfrac{n\pi}{L} D_n(t) \sin\dfrac{n\pi x}{L} \\[3mm] N_c = E_c A_c \dfrac{\partial u_c}{\partial x} = -EA_c \displaystyle\sum_{n=1}^{\infty} \dfrac{n\pi}{L} E_n(t) \sin\dfrac{n\pi x}{L} \\[3mm] M_s = EI_s \dfrac{\partial \theta_s}{\partial x} = -EI_s \displaystyle\sum_{n=1}^{\infty} \dfrac{n\pi}{L} B_n(t) \sin\dfrac{n\pi x}{L} \\[3mm] M_c = EI_c \dfrac{\partial \theta_c}{\partial x} = -EI_c \displaystyle\sum_{n=1}^{\infty} \dfrac{n\pi}{L} C_n(t) \sin\dfrac{n\pi x}{L} \end{cases} \tag{5-64}$$

由式（5–64）可以计算出混凝土板和钢梁的截面正应力 σ_c 和 σ_s。

$$\sigma_c = \frac{N_c}{A_c} + \frac{M_c z_c}{I_c} = -E_c \sum_{n=1}^{\infty} \left[E_n(t) + z_c C_n(t) \right] \frac{n\pi}{L} \sin\frac{n\pi x}{L} \tag{5-65}$$

$$\sigma_s = \frac{N_s}{A_s} + \frac{M_s z_s}{I_s} = -E_s \sum_{n=1}^{\infty} \left[D_n(t) + z_s B_n(t) \right] \frac{n\pi}{L} \sin\frac{n\pi x}{L} \tag{5-66}$$

5.3 算例验证

以第 4 章中的两根试验梁（SCB–1、SCB–2）为研究对象，验证本章方法的正确性。第 4 章中通过对比自振频率，已验证了所建立的这两根试验梁的 ANSYS 有限元模型是正确的。因此，本节以 ANSYS 有限元分析结果为参考依据，对比验证本章的移动集中力作用下钢–混组合梁的解析解。

在这两根试验梁上作用有大小为 100 kN 的移动集中力（f=100 kN），移动速度为 V，假定结构阻尼比为 0.02（ξ_n=0.02）。分别采用 ANSYS 有限元、本章方法、文献[31,65]计算两根试验梁的动力响应，并进行对比分析[65,31]。需要说明的是，文献[65]中考虑了剪切变形但是假定混凝土板和钢梁的剪切角相等，文献[31]为不考虑剪切变形的组合梁动力分析方法。

5.3.1　振型叠加法的收敛性分析

本节讨论振型叠加法的收敛性。图 5-3 给出了在不同速度（即 V=0 m/s、24 m/s 和 48 m/s）的移动荷载作用下，两根试验梁的跨中竖向位移 w 和梁左端界面相对滑移 u_{cs} 的收敛结果。

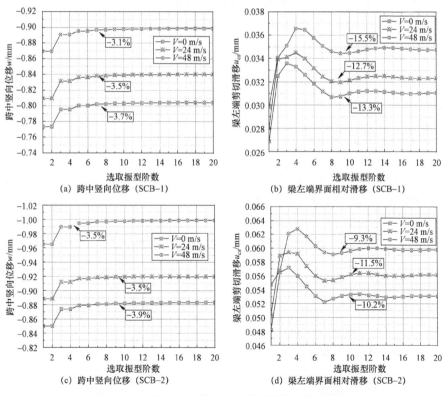

图 5-3　移动荷载作用下的两根试验梁的振型收敛性

图 5-3 表明，如果仅考虑第 1 阶振型，则计算获得的移动荷载作用下简支钢-混组合梁的竖向位移和梁端界面相对滑移会产生相对误差。如图 5-3（b）、(d) 所示，当考虑前 10 阶振型时，梁端界面相对滑移才趋于收敛。因此，图中方框中的数字给出了只考虑第 1 阶振型相对于考虑前 10 阶振型的计算误差 R：

$$R = \frac{u_1 - u_{10}}{u_{10}} \times 100\% \qquad (5-67)$$

式中，u_1 和 u_{10} 分别表示只考虑第 1 阶振型和考虑前 10 阶振型时的跨中竖向位移和梁端界面相对滑移的计算结果。

对于跨中竖向位移，只考虑第 1 阶振型产生的相对误差最大为-3.7%［SCB-1，如图 5-3（a）所示］和-3.9%［SCB-2，如图 5-3（c）所示］，这一相对误差在工程应用中是完全可以接受的。然而，对于梁端界面相对滑移，只考虑第 1 阶振型产生的相对误差最大达到了-15.5%［SCB-1，如图 5-3（b）所示］和-11.5%［SCB-2，如图 5-3（d）所示］，这完全超出了工程应用的误差范围。因此，分析钢-混组合梁的梁端界面相对滑移时，需要考虑更高阶的振型。就本节两个算例而言，需要考虑前 10 阶振型。

5.3.2 结果对比分析

表 5-1 给出了分别采用本章方法、ANSYS 有限元、文献[31,65]计算移动集中力 f 以不同速度通过时，梁体的响应。

表 5-1 两根试验梁的动力响应对比

单位：mm

试验梁	速度/(m/s)	竖向位移				梁端界面相对滑移	
		ANSYS	本章方法	文献[65]	文献[31]	ANSYS	本章方法
SCB-1	0	-0.853	-0.803 (-3.5%)	-0.749 (-10.0%)	-0.718 (-13.8%)	0.041 6	0.039 4 (-5.6%)
	10	-0.861	-0.810 (-3.6%)	-0.754 (-10.3%)	-0.722 (-14.1%)	0.042 1	0.039 7 (-6.0%)

试验梁	速度/(m/s)	竖向位移				梁端界面相对滑移	
		ANSYS	本章方法	文献[65]	文献[31]	ANSYS	本章方法
SCB－1	20	−0.869	−0.824 (−3.2%)	−0.772 (−9.2%)	−0.740 (−13.0%)	0.042 5	0.040 0 (−6.2%)
	30	−0.905	−0.847 (−4.0%)	−0.785 (−11.1%)	−0.748 (−15.3%)	0.043 7	0.041 5 (−5.3%)
	40	−0.890	−0.827 (−4.5%)	−0.775 (−10.5%)	−0.751 (−13.2%)	0.043 4	0.041 3 (−5.1%)
	50	−0.966	−0.907 (−3.9%)	−0.841 (−10.8%)	−0.802 (−14.9%)	0.041 8	0.040 4 (−3.5%)
	60	−0.942	−0.898 (−2.9%)	−0.848 (−8.3%)	−0.816 (−11.7%)	0.042 6	0.041 5 (−2.5%)
	70	−0.867	−0.821 (−3.1%)	−0.793 (−6.5%)	−0.772 (−8.9%)	0.043 3	0.041 4 (−4.8%)
	80	−0.968	−0.898 (−4.7%)	−0.825 (−12.5%)	−0.784 (−16.9%)	0.043 8	0.042 1 (−3.9%)
	90	−1.059	−0.981 (−4.6%)	−0.902 (−12.3%)	−0.855 (−16.9%)	0.043 1	0.041 5 (−3.7%)
	100	−1.139	−1.054 (−4.6%)	−0.971 (−12.1%)	−0.919 (−16.8%)	0.041 6	0.040 2 (−3.4%)
SCB－2	0	−0.904	−0.883 (−2.4%)	−0.828 (−8.5%)	−0.795 (−12.1%)	0.056 0	0.053 3 (−4.9%)
	10	−0.912	−0.890 (−2.3%)	−0.836 (−8.3%)	−0.803 (−12.9%)	0.056 7	0.054 2 (−4.5%)
	20	−0.921	−0.896 (−2.7%)	−0.847 (−8.1%)	−0.817 (−11.3%)	0.057 1	0.054 6 (−4.2%)
	30	−0.966	−0.941 (−2.5%)	−0.879 (−9.0%)	−0.841 (−12.9%)	0.059 0	0.056 7 (−4.0%)
	40	−0.960	−0.933 (−2.8%)	−0.866 (−9.8%)	−0.828 (−13.8%)	0.059 8	0.056 2 (−6.0%)

续表

试验梁	速度/ (m/s)	竖向位移				梁端界面相对滑移	
		ANSYS	本章方法	文献[65]	文献[31]	ANSYS	本章方法
SCB-2	50	−1.027	−1.003 (−2.3%)	−0.939 (−8.6%)	−0.900 (−12.4%)	0.063 1	0.060 3 (−4.4%)
	60	−0.986	−0.968 (−1.7%)	−0.923 (−6.3%)	−0.894 (−9.3%)	0.064 5	0.062 7 (−2.8%)
	70	−0.944	−0.922 (−2.3%)	−0.852 (−9.7%)	−0.826 (−12.5%)	0.067 0	0.063 5 (−5.3%)
	80	−1.051	−1.023 (−2.6%)	−0.947 (−9.9%)	−0.902 (−14.2%)	0.068 4	0.064 3 (−6.1%)
	90	−1.148	−1.114 (−3.0%)	−1.032 (−10.1%)	−0.981 (−14.5%)	0.068 8	0.065 2 (−5.3%)
	100	−1.232	−1.193 (−3.1%)	−1.105 (−10.2%)	−1.052 (−14.6%)	0.069 1	0.065 8 (−4.8%)

注：括号中的数字表示相对于 ANSYS 有限元结果的百分比误差。

首先，从表 5-1 中可以看出，本章方法的计算结果与 ANSYS 有限元计算结果基本一致，说明了本章方法的正确性。SCB-1 跨中竖向位移和梁端界面相对滑移的最大误差分别为-4.7%和-6.2%，SCB-2 的这两个相对误差分别为-3.1%和-6.1%，并且随着荷载移动速度的增加，本章方法相对于 ANSYS 有限元法的相对误差没有明显的上升或下降的趋势。其次，由表 5-1 可知，文献[65]得到的 SCB-1 和 SCB-2 的竖向位移相对于 ANSYS 有限元的误差分别为-12.5%和-10.2%。文献[31]的相对误差分别为-16.9%和-14.6%，其得到的竖向位移最小，偏离 ANSYS 有限元结果的程度最大。这是由于文献[31]中没有考虑剪切变形的影响，从而高估了钢-混组合梁的刚度。相比于文献[31]，文献[65]更加接近于 ANSYS 有限元结果，但仍具有较为明显的计算误差。说明即使考虑剪切变形的影响，但是假定混凝土板和钢梁具有相同的剪切角，仍然会高估钢-混组合梁的刚度。综上可知，本章获得的解析解适用于分析简支钢-混组合梁在移动荷载作用下的响应，且具有更高的计算精度。

图 5−4 给出了不同方法计算所得的试验梁 SCB−1 和 SCB−2 的跨中竖向位移和梁端界面相对滑移的时程图。荷载移动速度 V 为 80 m/s。首先，本章方法和 ANSYS 有限元获得的跨中竖向位移和梁端界面相对滑移的时程图无论是形状还是幅值均基本一致。文献[31,65]获得的跨中竖向位移的时程图形状与本章方法一致，但是振动幅值明显小于本章方法。在强迫振动阶段，跨中竖向位移具有两个明显的波峰，且第一个波峰明显大于第二个波峰。由于忽略了或者没有合理的考虑剪切变形的影响，文献[31,65]的第一个波峰值明显小于本章方法，但是 4 种方法计算所得的第二个波峰值基本一致。在自由振动阶段，文献[31,65]计算所得的竖向振动会更快地趋近于零。

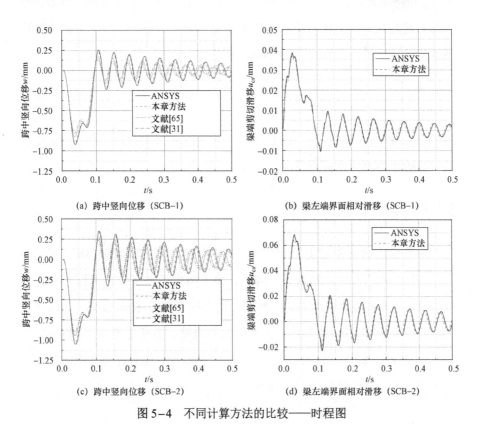

(a) 跨中竖向位移（SCB−1） (b) 梁左端界面相对滑移（SCB−1）

(c) 跨中竖向位移（SCB−2） (d) 梁左端界面相对滑移（SCB−2）

图 5−4 不同计算方法的比较——时程图

综上所述，本章方法适用于分析移动荷载作用下钢-混组合梁的响应，且具有较高的计算精度。

5.4 剪切变形的参数敏感性

本节以 4.3 节中的试验梁 SCB-2 为研究对象，SCB-2 的横截面尺寸和材料参数参见图 4-24 和 4.3.2.1 节。如前所述，剪切变形对钢-混组合梁的自振特性具有明显的影响，不可忽略。然而，剪切变形对移动荷载作用下钢-混组合梁动力响应的影响尚缺乏研究，尤其是对梁端界面相对滑移 u_{cs} 和跨中竖向位移 w 的影响。因此，本节对不同结构参数、剪力键刚度和荷载移动速度下钢-混组合梁的动力响应进行分析，研究剪切变形的影响。以下分析中的相对误差 R 的计算公式为：

$$R = \frac{\delta_{EBT} - \delta_{SBT}}{\delta_{SBT}} \times 100\% \qquad (5-68)$$

式中，δ_{EBT} 和 δ_{SBT} 分别表示采用 Euler-Bernoulli 组合梁理论[36]和 Shear 组合梁理论的动力响应计算结果。

5.4.1 剪力键刚度的影响

本节旨在研究不同剪力键刚度下，剪切变形对移动荷载作用下简支钢-混组合梁动力响应的影响。为此，除了剪力键刚度外，保持其他的结构和材料参数与图 4-24 中完全相同。剪力键刚度 K 取值为 10^{-1} MPa（子梁间几乎无连接）～10^6 MPa（子梁间完全连接，几乎无滑移），移动集中力 P_0=100 kN，移动荷载的速度 V=80 m/s，假设钢-混组合梁结构的黏性阻尼比 ξ=0.02。分析结果如图 5-5 所示。

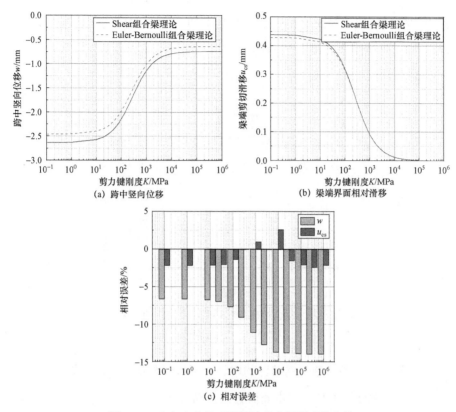

图 5–5　动力响应相对误差随剪力键刚度的变化

由图 5–5 可知，考虑剪切变形后，钢–混组合梁的跨中竖向位移明显增大，且剪力键刚度越大，增大的幅度越大；梁端界面相对滑移 u_{cs} 的相对误差有正有负，说明剪切变形并不一定增大梁端界面相对滑移值；跨中竖向位移的相对误差明显大于梁端界面相对滑移，前者最大误差值达到了约 –13.0%，而后者仅约 –2.5%。

5.4.2　高跨比的影响

本节研究不同高跨比下，剪切变形对钢–混组合梁动力响应（竖向位移和梁端界面相对滑移）的影响。为此，仍然以 SCB–2 为研究对象。移动集中力 P_0=100 kN，移动荷载的速度 V=80 m/s，结构黏性阻尼比 ξ=0.02。保持 SCB–2 的其他结构和材料参数不变，仅调整计算跨径，从而调整钢–混组合梁的高跨比。高跨比的变化范围为 1/30～1/6,对应的梁长为 5.436～27.18 m。分析结果如图 5-6 所示。

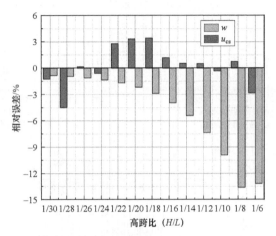

图 5-6　动力响应相对误差随高跨比的变化
$$V = 80\,\mathrm{m/s}, (\zeta = 0.02)$$

由图 5-6 可得,随着高跨比的增加,不考虑剪切变形造成的跨中竖向位移相对误差逐渐增加。就本例而言,当高跨比小于 1/15 后,不考虑剪切变形产生的相对误差小于 5%,可忽略剪切变形的影响。不考虑剪切变形造成的梁端界面相对滑移的相对误差不随高跨比呈规律性变化,且其值相对于跨中竖向位移很小,均在 5%以内。

5.4.3　移动荷载速度和阻尼比的影响

移动荷载速度和阻尼比是影响钢-混组合梁动力响应的重要因素,因此有必要对不同移动荷载速度下,剪切变形对钢-混组合梁动力响应的影响进行分析。为此,保持结构和材料参数与 SCB-2 一致。移动荷载 $P_0 = 100$ kN,移动荷载的速度 V 的变化范围为 5～100 m/s,假设钢-混组合梁结构的黏性阻尼比 ζ 分别取值为 0.005、0.01、0.015 和 0.02。分析结果如图 5-7 所示。

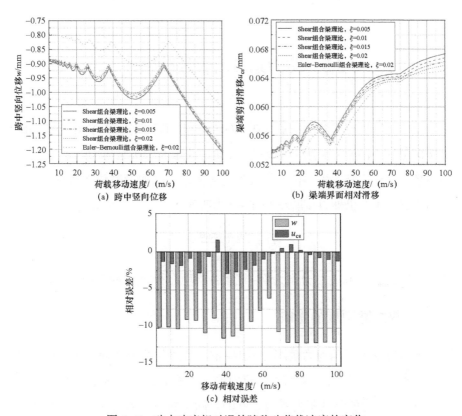

图 5-7　动力响应相对误差随移动荷载速度的变化

从图 5-7 中可以明显看出，结构黏性阻尼对钢-混组合梁动力相应的影响在共振区间（波峰处）比非共振区间（波谷处）大，但其影响的程度较小。

剪切变形造成的跨中竖向位移的相对误差明显大于梁端界面相对滑移，后者最大值约为-2.7%。跨中竖向位移和梁端界面相对滑移的相对误差均在某一数值附近波动。就本算例而言，对于跨中竖向位移，这一数值约为-10.0%；对于梁端界面相对滑移，这一数值约为 0。而且移动荷载速度越快，相对误差波动的幅度越大。

综上所述，分析钢-混组合梁的动力响应时，不可忽略剪切变形的影响。

5.5 动力系数的参数敏感性

本节对比讨论了移动荷载（P_0=100 kN）作用下简支钢-混组合梁的跨中竖向位移 w、梁端界面相对滑移 u_{cs}、混凝土板和钢梁正应力 σ_c 和 σ_s 的动力系数。讨论了相关影响因素，如剪力键刚度、结构参数和移动荷载速度等的影响。本节仍然以试验梁 SCB-2 为研究对象，动力系数的定义为：

$$D = \frac{\delta_{\text{dynamic,max}}}{\delta_{\max}} \qquad (5-69)$$

式中，$\delta_{\text{dynamic,max}}$ 和 $\delta_{\max}$ 分别为钢-混组合梁动力和静力的最大响应值。

5.5.1 剪力键刚度的影响

本节讨论了不同剪力键刚度下钢-混组合梁的跨中竖向位移、梁端界面相对滑移、混凝土板和钢梁正应力的动力系数。移动荷载的移动速度 V=80 m/s，结构的黏性阻尼系数 ξ=0.02。除了剪力键刚度外，其他结构和材料参数与 SCB-2 完全相同。剪力键刚度 K 的取值范围为 10^{-1} MPa（子梁间几乎无连接）～10^6 MPa（子梁间完全连接，几乎无滑移）。各动力系数的计算结果如图 5-8（a）所示，为了方便对比，图 5-8（b）给出了钢-混组合梁的前 3 阶自振频率随剪力键刚度的变化。

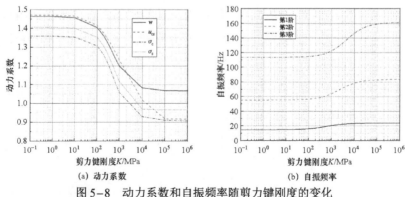

图 5-8 动力系数和自振频率随剪力键刚度的变化

图 5-8 分析结果表明，随着剪力键刚度的增大，动力系数减小，但各阶自振频率增大。梁端界面相对滑移、混凝土板和钢梁正应力的动力系数最小值小于了 1.0，这表明钢-混组合梁的动力响应小于静力响应。但与三者不同的是，跨中竖向位移的动力系数一直大于 1.0。

再者，与自振频率随剪力键刚度的变化规律类似，动力系数随剪力键刚度的变化同样存在一个敏感区间。在剪力键刚度敏感区间内，各动力系数随剪力键刚度的变化而快速变化；如果不在剪力键刚度敏感区间内，则动力系数基本不随剪力键刚度变化而变化。对于跨中竖向位移、混凝土板和钢梁正应力动力系数的剪力键刚度敏感区间为 $10^1 \sim 10^{4.5}$ MPa，这与钢-混组合梁的第 1 阶频率的剪力键刚度敏感区间基本一致。而梁端界面相对滑移的剪力键刚度敏感区间为 $10^1 \sim 10^5$ MPa，这与第 $1 \sim 3$ 阶自振频率的剪力键刚度敏感区间一致。这一结果说明，钢-混组合梁的跨中竖向位移、混凝土板和钢梁正应力动力系数主要受第 1 阶自振频率的影响，而梁端界面相对滑移动力系数则不仅受第 1 阶自振频率，而且受第 2、3 阶乃至更高阶自振频率的影响。这与 5.3.1 节的结论相同。

另外，混凝土板和钢梁正应力动力系数总是小于跨中竖向位移动力系数，但是梁端界面相对滑移动力系数则不一定小于或者大于跨中竖向位移动力系数。当 $K < 7 \times 10^3$ MPa 时，梁端界面相对滑移动力系数成是 4 者中最大，而且 4 个动力系数中，梁端界面相对滑移动力系数随剪力键刚度的变化幅度最大，说明剪力键刚度对梁端界面相对滑移的影响最大。

5.5.2　结构参数的影响

本节以试验梁 SCB-2 为例，分析材料密度和子梁抗弯刚度比等结构参数对钢-混组合梁动力系数的影响。以下分析中，移动荷载的移动速度 $V=80$ m/s，结构的黏性阻尼系数 $\xi=0.02$。

5.5.2.1　材料密度

工程应用中，一般通过把二期恒载等效为均布荷载的方式施加到组合梁上。在建立的模型中则表现为增加组合梁材料的密度，因此本节讨论钢–混组合梁材料密度对其动力系数的影响。为此，保持其他材料和结构参数与试验梁 SCB–2 完全一致，仅改变钢–混组合梁单位长度的质量，质量变化范围为 1.0～2.0 倍。分析结果如图 5–9 所示。

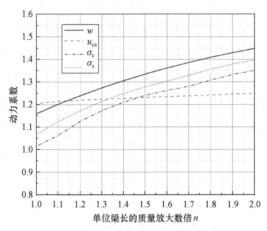

图 5–9　动力系数随材料密度的变化

图 5–9 表明，随着钢–混组合梁单位梁长的质量增大，跨中竖向位移、混凝土板和钢梁正应力的动力系数呈明显的增大趋势，但是梁端界面相对滑移的动力系数基本不发生改变。跨中竖向位移动力系数总是大于混凝土板和钢梁正应力的动力系数，但是并不是一直大于梁端界面相对滑移的动力系数。

5.5.2.2　子梁抗弯刚度比

不同钢–混组合梁的上下层的子梁抗弯刚度比（χ）也不同，因此本节对子梁抗弯刚度比对组合梁动力系数的影响进行分析。保持其他结构和材料参数不变，通过改变混凝土板的抗弯惯性矩来调节上下层子梁的抗弯刚度比，变化范围为 0.001（接近于无混凝土板仅有钢梁）～1。分析结果如图 5–10 所示。

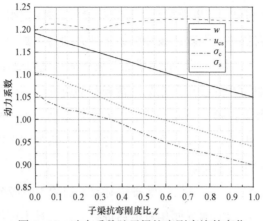

图 5-10　动力系数随子梁抗弯刚度比的变化

图 5-10 表明，随着子梁抗弯刚度比的增大，跨中竖向位移、混凝土板和钢梁正应力的动力系数呈线性减小的趋势，但是梁端界面相对滑移的动力系数的变化趋势不明显。

5.5.3　移动荷载速度的影响

本节讨论了移动荷载速度对简支钢-混组合梁各个动力系数的影响。为此，所有的结构和材料参数保持与试验梁 SCB-2 完全一致，仅改变移动荷载的速度。移动荷载速度 V 的变化范围为 5～100 m/s，结构黏性阻尼比 ξ =0.02。分析结果如图 5-11 所示。

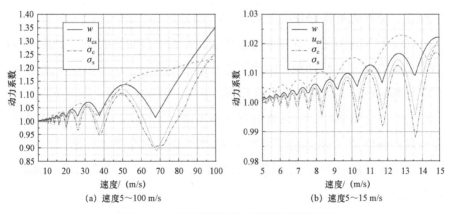

(a) 速度5～100 m/s　　　　　　　(b) 速度5～15 m/s

图 5-11　动力系数随移动荷载速度的变化

由图 5–11 可知，随着荷载移动速度的增加，钢–混组合梁的振动更加明显。跨中竖向位移、混凝土板和钢梁正应力动力系数随荷载移动速度的变化趋势基本一致，且与普通简支梁随荷载移动速度的变化趋势基本相同，然而，梁端界面相对滑移动力系数随荷载移动速度的变化规律则与其他三者完全不同。并且，跨中竖向位移的动力系数总是大于混凝土板和钢梁正应力动力系数。但是，梁端界面相对滑移的动力系数则可能大于或者小于跨中竖向位移的动力系数。

综上所述，进行钢–混组合梁移动荷载下的动力响应分析时，需要同时对跨中竖向位移和梁端界面相对滑移进行分析。且不可简单地采用跨中竖向位移动力系数代表钢–混组合梁的整体动力系数，而是需要对跨中竖向位移动力系数和梁端界面相对滑移动力系数进行分别讨论。

5.6 小 结

本章对移动荷载作用下钢–混组合梁的动力响应进行了分析，主要结论如下：

（1）考虑界面相对滑移和剪切变形的影响后，钢–混组合梁的广义质量和广义刚度矩阵仍然具有振型正交性。据此，给出了钢–混组合梁的分布刚度、分布阻尼和分布质量的振型正交条件。

（2）利用振型正交性和振型叠加法，得到了移动荷载作用下钢–混组合梁的动力响应。特别地，给出了移动集中力作用下，简支钢–混组合梁的竖向振动位移、界面相对滑移和截面正应力的解析表达式。

（3）振型叠加法的收敛性分析结果表明，计算钢–混组合梁竖向振动位移时，只取第 1 阶振型即可得到误差较小的计算结果。但是计算钢–混组合梁的界面相对滑移时，则需要取到前 10 阶频率乃至更高阶才能满足工程需求。

（4）剪力键刚度越大，高跨比越大，剪切变形对竖向振动位移的影响越大；不同移动荷载速度下，剪切变形产生的竖向振动位移误差值在某一定值附近随车速变化而波动，移动荷载速度越快，波动幅度越大。

（5）剪切变形对钢-混组合梁的界面相对滑移的影响明显小于竖向位移。

（6）剪力键刚度越大，钢-混组合梁的竖向位移、梁端界面相对滑移、两个子梁正应力的动力系数越小；竖向位移和两个子梁正应力的动力系数随剪力键刚度的变化规律与第 1 阶频率随剪力键刚度的变化规律基本一致；梁端界面相对滑移动力系数随剪力键刚度的变化规律不仅与第 1 阶频率有关，而且与第 2、3 阶乃至更高阶频率有关。

（7）钢-混组合梁的材料密度和子梁抗弯刚度比对竖向位移和两个子梁正应力的动力系数具有明显的影响，材料密度越大、子梁抗弯刚度比越小，三者动力系数越大；但是梁端界面相对滑移动力系数受材料密度和子梁抗弯刚度比的影响不明显。

（8）移动荷载速度越大，钢-混组合梁的振动越大。竖向位移和两个子梁正应力的动力系数随移动荷载速度的变化规律基本一致，但是三者与梁端界面相对滑移动力系数随移动荷载速度的变化规律完全不同。

（9）竖向位移动力系数总是大于两个子梁正应力的动力系数，但是不一定大于梁端界面相对滑移动力系数。两者之间的大小关系随着剪力键刚度、结构参数和移动荷载速度而改变。因此动力分析时，不可直接采用竖向位移动力系数代表钢-混组合梁的整体动力系数。

第6章 Shear组合梁理论在高速铁路 钢–混组合梁桥中的应用

随着我国高速铁路的发展，钢–混组合梁以其自重较轻、刚度较大和便于施工等优点，越来越多地被应用于高速铁路桥梁的建设。但是钢–混组合梁还没有形成如预应力混凝土箱梁的标准图。再者，钢–混组合梁自重较轻，势必会造成其在列车荷载作用下的振动响应较大。文献［95］研究结果表明，虽然计算结构位移时可不考虑车辆加速度的影响，但是若要分析梁体的加速度，则必须考虑车辆加速度的影响。因此，本章对钢–混组合梁进行车桥耦合动力分析。

本章的主要目的有以下两个。

（1）将前述提出的Shear组合梁理论和相关动力解析方法应用于实际高速铁路钢–混组合梁桥的动力分析中。本书的前述研究对象均为数值算例和室内试验梁，缺乏实际桥梁的应用研究，因此本章基于前述研究，建立了一座实际的钢–混组合梁桥的车桥耦合模型，分析其动力性能。

（2）说明现行设计规范中的方法不适用于钢–混组合梁的动力性能分析，以及实际工程中分析钢–混组合梁动力性能时，考虑剪切变形的必要性。

6.1　车桥耦合分析理论

6.1.1　车桥耦合运动方程

本节的研究对象为二维车桥耦合系统，分析的动力学模型如图 6-1 所示。每节车辆包含 10 个自由度，分别为车体沉浮（z_c）和点头（θ_c）、前后转向架的沉浮（z_{t1}、z_{t2}）和点头（θ_{t1}、θ_{t2}），以及 4 个轮对的沉浮运动（z_{w1}、z_{w2}、z_{w3} 和 z_{w4}）。车体的质量和转动惯量分别为 m_c 和 J_c；前后转向架的质量和转动惯量分别为 m_t 和 J_t；4 个轮对的质量为 m_w。一系弹簧刚度和阻尼系数分别为 k_1 和 c_1；二系弹簧刚度和阻尼系数分别为 k_2 和 c_2。转向架固定轴距的一半为 l_c；车体定距的一半为 l_t。车辆匀速运行，移动速度为 v。

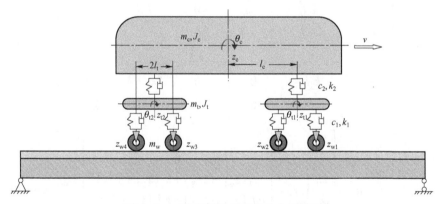

图 6-1　二维车桥耦合系统动力学模型

显然，4 个轮对的沉浮自由度是与桥梁的运动和轨道不平顺相关联的。假定车辆运行过程中，4 个轮对不脱离桥梁，且无滑动、爬轨、跳轨和脱轨等现象，即垂向密贴假定，此时，车辆独立自由度退化为 6 个，即 z_c、θ_c、z_{t1}、θ_{t1}、z_{t2}、θ_{t2}。根据 d'Alembert 原理，可方便地建立一节车辆的运动方程：

$$M_v \ddot{u}_v + C_v \dot{u}_v + K_v u_v = f_v \tag{6-1}$$

$$M_v = \begin{bmatrix} m_c & 0 & 0 & 0 & 0 & 0 \\ 0 & J_c & 0 & 0 & 0 & 0 \\ 0 & 0 & m_t & 0 & 0 & 0 \\ 0 & 0 & 0 & J_t & 0 & 0 \\ 0 & 0 & 0 & 0 & m_t & 0 \\ 0 & 0 & 0 & 0 & 0 & J_t \end{bmatrix} \tag{6-2}$$

$$C_v = \begin{bmatrix} 2c_2 & 0 & -c_2 & 0 & -c_2 & 0 \\ 0 & 2c_2 l_c^2 & -c_2 l_c & 0 & c_2 l_c & 0 \\ -c_2 & -c_2 l_c & 2c_1 + c_2 & 0 & 0 & 0 \\ 0 & 0 & 0 & 2c_1 l_t^2 & 0 & 0 \\ -c_2 & c_2 l_c & 0 & 0 & 2c_1 + c_2 & 0 \\ 0 & 0 & 0 & 0 & 0 & 2c_1 l_t^2 \end{bmatrix} \tag{6-3}$$

$$K_v = \begin{bmatrix} 2k_2 & 0 & -k_2 & 0 & -k_2 & 0 \\ 0 & 2k_2 l_c^2 & -k_2 l_c & 0 & k_2 l_c & 0 \\ -k_2 & -k_2 l_c & 2k_1 + k_2 & 0 & 0 & 0 \\ 0 & 0 & 0 & 2k_1 l_t^2 & 0 & 0 \\ -k_2 & k_2 l_c & 0 & 0 & 2k_1 + k_2 & 0 \\ 0 & 0 & 0 & 0 & 0 & 2k_1 l_t^2 \end{bmatrix} \tag{6-4}$$

$$u_v = \begin{bmatrix} z_c \\ \theta_c \\ z_{t1} \\ \theta_{t1} \\ z_{t2} \\ \theta_{t2} \end{bmatrix}, f_v = \begin{bmatrix} 0 \\ 0 \\ c_1(\dot{z}_{w1} + \dot{z}_{w2}) + k_1(z_{w1} + z_{w2}) \\ c_1 l_t(\dot{z}_{w1} - \dot{z}_{w2}) + k_1 l_t(z_{w1} - z_{w2}) \\ c_1(\dot{z}_{w3} + \dot{z}_{w4}) + k_1(z_{w3} + z_{w4}) \\ c_1 l_t(\dot{z}_{w3} - \dot{z}_{w4}) + k_1 l_t(z_{w3} - z_{w4}) \end{bmatrix} \tag{6-5}$$

式中，M_v、C_v、K_v 分别为车辆子系统的质量矩阵、阻尼矩阵和刚度矩阵；u_v 为车辆子系统的位移列向量；f_v 为车辆子系统力向量。

利用振型正交性，采用振型叠加法建立钢-混组合梁的运动方程，如式（5-27）所示。可以把式（5-27）写成矩阵的形式：

$$\ddot{Q} + 2\xi\omega\dot{Q} + \omega^2 Q = F \tag{6-6}$$

式中，Q 为组合梁的广义坐标向量；ω 为自振频率对角矩阵；ω^2 为自振频率平方的对角矩阵；F 为桥梁子系统力向量。

6.1.2　全过程迭代法求解

采用全过程迭代法进行求解，求解步骤如下。

步骤一：计算轨道不平顺作用下车辆的时程，得到车辆轮对的轮轨力时程。

步骤二：把轮轨力时程施加在桥梁上，计算钢-混组合梁的时程，得到其位移时程。

步骤三：叠加步骤二中得到的钢-混组合梁位移时程和轨道不平顺，施加到车辆子系统上，得到新的轮轨力时程。

步骤四：比较步骤三得到的轮轨力时程与上一迭代步中得到的轮轨力时程，若误差满足限值，则计算结束；若不满足，则重复步骤二至步骤四。

为了便于理解，这里给出全过程迭代法的流程图，如图 6-2 所示。

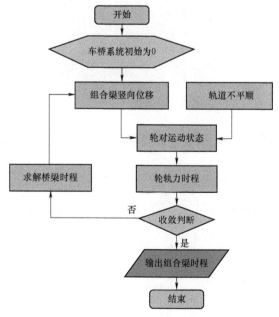

图 6-2　全过程迭代法的流程图

6.2 试验测试

6.2.1 桥梁概况

新建北京至张家口铁路工程官厅水库特大桥跨越官厅水库，桥址位于河北省怀来县东花园镇与狼山乡之间。为协调与主桥之间的变形，主桥两侧临孔引桥各采用 1 孔 32 m 的简支钢-混组合梁。组合梁的计算跨径为 31.5 m，梁全长为 32.6 m。主梁采用双箱单室等高度梁，截面中心线位置梁高 3.11 m（梁顶到梁底垫板底），梁侧面梁高 3.048 m（梁顶最高点到梁底垫板底）。桥梁现场照片如图 6-3 所示。

图 6-3 桥梁现场照片

该钢-混组合梁的截面尺寸和材料如图 6-4 所示。

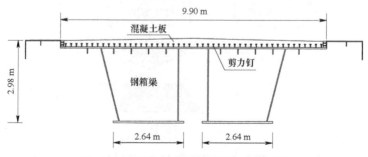

图 6-4 钢-混组合梁的截面尺寸和材料

　　钢梁和混凝土板之间采用直径为 22 mm、高度为 150 mm 的圆柱头栓钉进行连接，横向布置 52 个，纵桥向共计 114 排。把钢–混组合梁的剪力钉按照 4.4.1 节中相同的方法等效为均布的弹簧，等效后的剪力键刚度为 22 473.0 MPa。

　　把钢–混组合梁上的二期恒载（轨道板、钢轨、栏杆和辅助结构等）等效为均布荷载，通过转换为钢箱梁质量的方式施加到组合梁上。因此，钢–混组合梁的结构和材料参数见表 6–1。

表 6-1　钢–混组合梁的结构和材料参数

位置	参数	数值	单位
混凝土板	弹性模量 E_c	35.5	GPa
	剪切模量 G_c	14.8	GPa
	剪切形状系数 k_c	0.833	—
	材料密度 ρ_c	2 600	kg/m^3
	横截面积 A_c	2.682	m^2
	截面惯性矩 I_c	0.017 1	kN · s/m
	中性轴位置 h_c	0.137	m
钢箱梁	弹性模量 E_s	210	GPa
	剪切模量 G_s	80.8	GPa
	剪切形状系数 k_s	0.275	—
	材料密度 ρ_s	20 239	kg/m^3
	横截面积 A_s	1.13	m^2
	截面惯性矩 I_s	1.617	kN · s/m
	中性轴位置 h_s	1.227	m
计算跨径		31.5	m

6.2.2 脉动试验测试

在梁上布置加速度传感器，测试大地脉动荷载作用下钢–混组合梁各个位置处的加速度响应。通过自谱分析，获得钢–混组合梁的自振频率和振型。为了获得组合梁的前 3 阶自振频率，根据振型特点，在组合梁的 1/8 跨、1/4 跨、3/8 跨、1/2 跨、5/8 跨、3/4 跨和 7/8 跨处布置加速度传感器测点，测点布置示意图如图 6–5 所示。

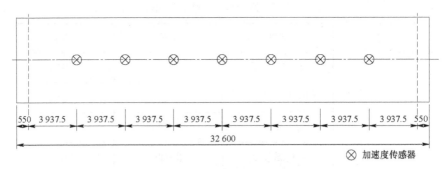

图 6–5 测点布置示意图

现场测点布置照片如图 6–6 所示。

(a) 测点布置 1　　　　　(b) 测点布置 2

图 6–6 现场测点布置照片

7 个加速度传感器的自谱分析结果如图 6–7 所示。

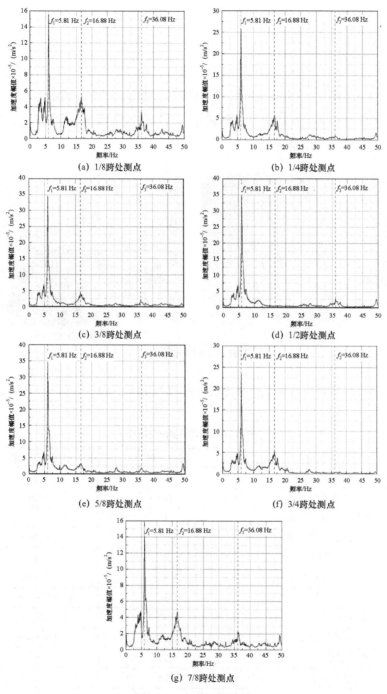

图 6-7　自谱分析结果

6.2.3 行车试验测试

为了分析钢–混组合梁的动力性能，验证本章车桥耦合分析模型的正确性，对该钢–混组合梁进行行车荷载动力测试。在钢–混组合梁的跨中梁底布置压电式加速度传感器，测试行车荷载作用下梁体的加速度响应。行车试验照片如图6–8所示。

(a) 测点布置　　　　　　　　　(b) 车辆示意图

图6–8　行车试验照片

测试列车为8节编组，单节列车的参数见表6–2。

表6–2　单节列车的参数

参　　数	数　　值	单　　位
车体质量 m_c	37.4	t
车体转动惯量 J_c	2 000	t · m^2
转向架质量 m_t	3	t
转向架的转动惯量 J_t	3	t · m^2
轮对质量 m_w	2	t
一系悬挂弹簧刚度 k_1	2 000	kN/m
一系悬挂阻尼 c_1	40	kN · s/m
二系悬挂弹簧刚度 k_2	400	kN/m
二系悬挂阻尼 c_2	20	kN · s/m
车体定长的一半 l_t	8.75	m
转向架轴距的一半 l_c	1.25	m
车长	25	m

图 6-9 给出了钢–混组合梁的加速度最大值（20 Hz 低通滤波处理后）随车速的变化情况及车速为 350 km/h 时的实测波形图。

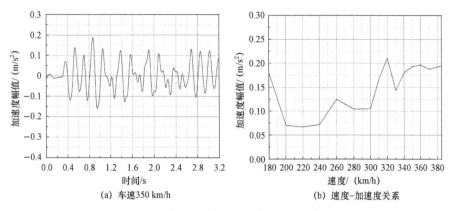

(a) 车速350 km/h

(b) 速度–加速度关系

图 6-9　实测加速度结果

由图 6-9(b)可以看出，实测梁体加速度没有超过规范限值（5.0 m/s²）。该钢–混组合梁的设计合理。

6.3　动力特性分析

6.3.1　振型分析

由各个加速度传感器的自谱分析结果，可以画出如图 6-10 所示的归一化后的前 3 阶振型。

由图 6-10 可以看出，前 3 阶振型测试结果与计算结果的振型形状基本一致，均为正弦函数，说明钢–混组合梁的第 1、2、3 阶振型分别为 5.81 Hz、16.88 Hz 和 36.08 Hz。个别数据存在差异主要是由以下原因造成的：其一，传感器测量精度误差；其二，实际的钢–混组合梁是空间结构，高阶振型中并不仅仅包含竖向振动，还包含其他自由的振动。

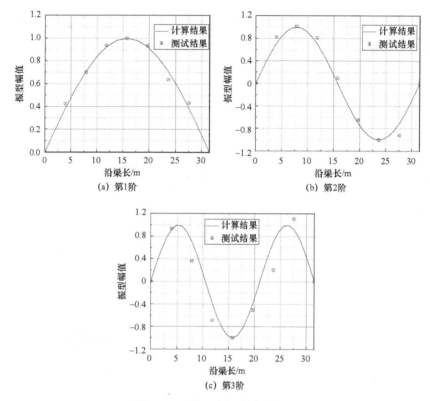

图6-10 前3阶振型测试结果

6.3.2 频率折减界限值分析

如第 3 章所述,对于简支钢-混组合梁,当 $\alpha^*=KL^2/EA$ 超过各阶频率的界限值后,可不考虑界面相对滑移造成的组合梁频率折减的影响。第 1~3 阶频率的界限值及本桥梁的 α^* 计算结果见表 6-3。

表6-3 截面组合连接系数的限值

α^*计算结果	阶数	α^*界限值
328	第 1 阶	251
	第 2 阶	1 000
	第 3 阶	1 995

由表 6−3 可得，该钢−混组合梁的界面组合连接系数 α^* 均超过了第 1 阶频率的界限值，说明分析第 1 阶频率时，可不考虑界面相对滑移的影响。再者，采用振型叠加法求解钢−混组合梁的动力响应时，其竖向位移主要受到第 1 阶振型的影响。因此，若仅需要分析其竖向位移时，该钢−混组合梁桥可按照无界面相对滑移计算。

为了验证这一结论，图 6−11 给出了基于 Shear 组合梁理论的钢−混组合梁的前 3 阶自振频率随剪力键刚度变化的规律。

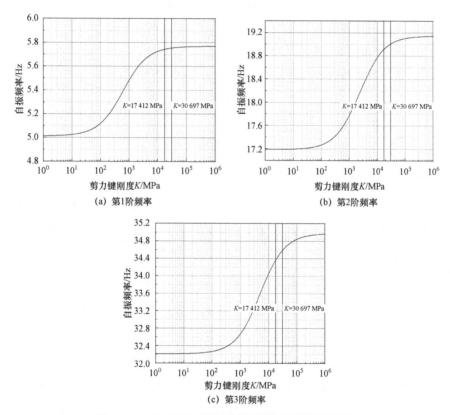

图 6−11　前 3 阶自振频率随剪力键刚度变化的规律

由图 6−11 可以看出，剪力键刚度值为 17 412 MPa 和 30 697 MPa 时，第 1 阶自振频率几乎无折减；但从第 2 阶自振频率开始出现较为明显的折减，频率的阶数越高，折减越明显。这即印证了表 6–3 中的结论。

6.3.3 自振频率分析

分别基于 Euler-Bernoulli 组合梁理论、Shear 组合梁理论和《钢–混凝土组合桥梁设计规范》（GB 50917—2013）（以下简称《组合桥梁规范》），计算钢–混组合梁桥的前 3 阶自振频率，并与实测结果进行对比。计算分析结果见表 6–4。

表 6–4　实桥的前 3 阶自振频率

阶数	自振频率/Hz				
	测试结果	Shear 组合梁理论		Euler-Bernoulli 组合梁理论	《组合桥梁规范》方法
		考虑界面相对滑移	不考虑界面相对滑移		
1	5.81	5.76	5.76	6.24	6.24
2	16.88	19.05	19.14	24.70	24.69
3	36.08	34.72	34.97	54.82	54.70

由表 6–4 可知，Shear 组合梁理论结果与测试结果基本一致。就本例而言，相对于考虑界面相对滑移的计算模型，不考虑界面相对滑移的模型第 1 阶频率与其基本一致，第 2、3 阶频率略大于考虑界面相对滑移的模型。这与通过截面组合连接系数 α^* 的分析结果基本一致。

不考虑剪切变形的 Euler-Bernoulli 组合梁理论和《组合桥梁规范》方法的结果均严重偏离了测试结果，且频率的阶数越高，这种偏离越明显。综上所述，Shear 组合梁理论在工程应用中具有明显的优势。

《铁路桥涵设计规范》（TB 10002—2017）（以下简称《铁路规范》）中规定，简支梁竖向自振频率限值为 $23.58L^{-0.592}$ Hz（20 m＜L≤128 m）。对应于此，钢–混组合梁桥的自振频率下限值为 3.06 Hz。显然，钢–混组合梁桥的自振频率满足规范限值。

再者，虽然《铁路规范》中规定了高速铁路运行车长 24～26 m 动车组、跨度不大于 32 m 的混凝土双线简支箱梁，当梁体竖向自振频率不低于限值（设计速度为 350 km/h，跨度为 32 m 的限值为 4.76 Hz）要求时，梁部结构设计可不进行车桥耦合动力响应分析。但是考虑到钢－混组合梁在高速铁路桥梁工程中的应用并未推广，因此本章仍然对其进行了车桥耦合动力分析。一方面，说明了本书中的 Shear 组合梁理论在工程应用中的适用性；另一方面，分析了设计者所关心的钢－混组合梁桥动力系数、加速度响应等。

6.4　动力响应分析

本节分析列车通过桥梁时钢－混组合梁的振动情况。分析的内容有跨中竖向加速度、跨中竖向位移和界面相对滑移的动力系数等。计算列车与运行列车相同，单节列车的计算参数见表 6-2。

根据对我国铁路通常线路状态的分析，本书采用《高速铁路无砟轨道不平顺谱》（TB/T 3352—2014）中给出的轨道谱进行钢－混组合梁的车桥耦合动力分析。其中，百分位数取 90%，波长范围取 2～200 m。该时域样本中高低不平顺幅值为 6.13 mm，高速铁路无砟轨道不平顺谱转换的时域曲线的前 1 000 m 如图 6-12 所示。

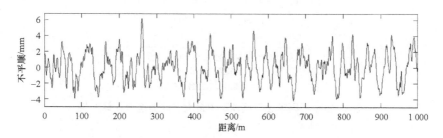

图 6-12　高速铁路无砟轨道不平顺谱转换的时域曲线的前 1 000 m

6.4.1 跨中竖向加速度

《铁路规范》中规定，对于无砟轨道，20 Hz 及以下的竖向振动加速度限值为 5.0 m/s²。本节对车速为 80～385 km/h 的钢−混组合梁的跨中最大竖向加速度进行分析，分别采用《组合桥梁规范》方法和本书提出的 Shear 组合梁理论计算组合梁的动力响应，计算结果如图 6−13 所示。其中，《组合桥梁规范》方法中未考虑剪切变形的影响。

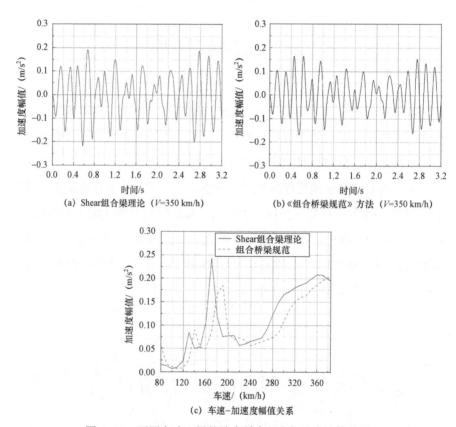

图 6−13　不同车速下梁体跨中最大竖向加速度计算结果

对比图 6−13（a）～（b）和图 6−9（a）可以看出，3 个波形图的形状基本一致，实测结果的加速度幅值略小于计算结果。

由图 6−13（c）可以看出，两种方法所得的最大加速度随车速的变化规律基本一致，但计算结果存在一定的误差，且在共振车速下两者的差距更为明显。对于 Shear 组合梁理论的计算结果，当车速为 130 km/h、170 km/h 及 300 km/h 以上时，梁体出现明显共振现象；对于《组合桥梁规范》方法，共振车速为 140 km/h、190 km/h 及 320 km/h 以上时，梁体会出现明显共振现象。这符合简支梁的第一种共振条件，即车速为 V_{br} 时，达到共振。V_{br} 的计算公式为：

$$V_{\text{br}} = \frac{3.6 f_n d_{\text{v}}}{i} \quad n = 1, 2, 3, \cdots; i = 1, 2, 3, \cdots \tag{6-7}$$

式中，f_n 为梁的第 n 阶自振频率；d_{v} 为荷载列的间距。

对比图 6–13（c）和图 6–9（b）可得，梁体竖向加速度最大值的实测结果与基于 Shear 组合梁理论的计算结果更为一致，共振车速基本相同，这说明本章所建立的车桥耦合模型是正确的。

无论是否处于共振车速下，梁体的最大加速度值均远小于规范限值（5 m/s²），说明钢–混组合梁动力性能良好。

6.4.2　跨中竖向位移

本节旨在分析钢–混组合梁的竖向位移动力系数，并对比《组合桥梁规范》方法和 Shear 组合梁理论的竖向位移计算结果，分析 Shear 组合梁理论的工程适用性。

图 6–14 给出了两种方法的竖向位移分析结果的相对误差，并给出了非共振车速 240 km/h 和共振车速 360 km/h 时两种理论的时程图。

由图 6–14 可以明显得到，对于跨中竖向位移，《组合桥梁规范》方法的计算结果明显小于 Shear 组合梁理论的计算结果。说明忽略剪切变形会明显低估组合梁的竖向变形值。非共振车速区段，两种方法的相对误差随速度的变化较为平稳；共振车速区段，两者的相对误差波动很大，且出现最大值。就本例而言，两种分析方法的相对误差最大到了 28.0%，远远超过了工程计算允许的误差范围。这说明在工程应用中，钢–混组合梁的剪切变形不可忽略，且本书提出的 Shear 组合梁理论的工程适用性良好。

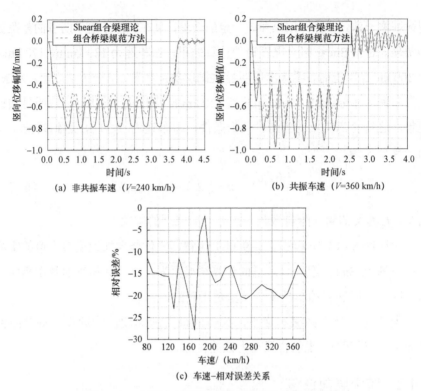

(a) 非共振车速（V=240 km/h） (b) 共振车速（V=360 km/h）

(c) 车速–相对误差关系

图 6-14　不同车速下梁体跨中竖向位移计算结果

图 6-15 给出了不同车速下梁体跨中竖向位移的动力系数。

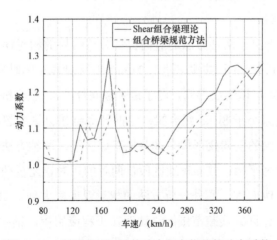

图 6-15　不同车速下梁体跨中竖向位移的动力系数

由图 6-15 可以看出，两种方法的计算结果随移动车速的变化规律基本一致，且计算所得的最大动力系数约为 1.29，小于设计规范限值（1+22/（40+L）=1.307）。这说明钢–混组合梁桥的结构设计良好。

6.4.3　界面相对滑移

《组合桥梁规范》中并未给出界面相对滑移的计算方法，因此本节对比了 Euler-Bernoulli 组合梁理论和 Shear 组合梁理论的界面相对滑移量计算结果（如图 6-16 所示），并给出了界面相对滑移的动力系数（如图 6-17 所示）。

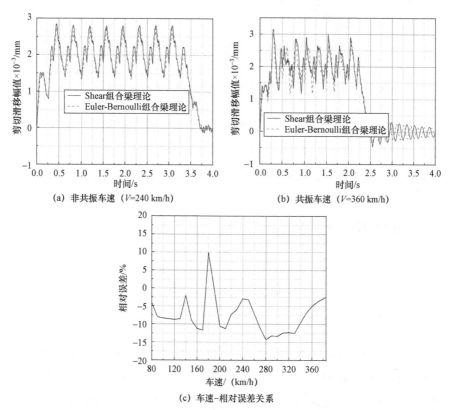

图 6-16　不同车速下梁端界面相对滑移量计算结果

图 6-16 表明，对于界面相对滑移，两种组合梁理论的计算结果相对误差小于竖向位移相对误差。相对误差的最大值约为 14.5%，因此计算界

面相对滑移、进行剪力键动力设计时，仍然不可忽略剪切变形的影响。

图6-17给出了不同车速下界面相对滑移的动力系数。

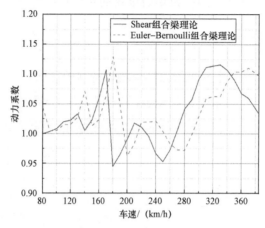

图6-17　不同车速下界面相对滑移的动力系数

由图 6-17 可以看出，两种理论的计算结果随车速的变化规律基本一致。与图6-15对比可以看出，钢-混组合梁的界面相对滑移动力系数小于竖向位移动力系数，且界面相对滑移的最大动力系数约为1.12。

以上分析表明，官厅水库特大桥引桥中的钢-混组合梁的竖向加速度和动力系数满足设计规范要求。

6.5　小　　结

本章基于 Shear 组合梁理论和相关动力解析方法建立了钢-混组合梁桥的车桥耦合分析模型，并采用全过程迭代法进行求解。通过与试验结果对比，验证了本章车桥耦合分析模型的正确性，分析了高速铁路官厅水库特大桥引桥中的一座钢-混组合梁的动力性能。主要结论如下：

（1）本章建立的车桥耦合分析模型适用于分析高速铁路钢-混组合梁桥的动力性能，验证了本书提出的 Shear 组合梁理论和相关解析方法的工程适用性。

（2）官厅水库特大桥引桥中的钢–混组合梁的动力性能满足设计规范要求，梁体竖向加速度和动力系数均较小。

（3）在高速铁路工程中，分析钢–混组合梁桥的动力性能时，需要考虑剪切变形的影响，否则会产生较大的计算误差。

参考文献

[1] 熊嘉阳，沈志云. 中国高速铁路的崛起和今后的发展[J]. 交通运输工程学报，2021，21（5）：6−29.

[2] NEWMARK N M, SIESS C P, VIEST I M. Test and analysis of composite beams with incomplete interaction[J]. Proceedings of the society for experimental stress analysis，1951，9（1）：75−92.

[3] 聂建国，余志武. 钢−混凝土组合梁在我国的研究及应用[J]. 土木工程学报，1999，32（2）：3−8.

[4] XU R, WU Y. Static dynamic and buckling analysis of partial interaction composite members using Timoshenko's beam theory[J]. International journal of mechanical sciences, 2007, 49（10）：1139−1155.

[5] ZHU X Q, LAW S S. A concrete-steel interface element for damage detection of reinforced concrete structures[J]. Engineering structures, 2007, 29（12）：3515−3524.

[6] 聂建国，陶慕轩，吴丽丽，等. 钢−混凝土组合结构桥梁研究新进展[J]. 土木工程学报，2012，45（6）：110−122.

[7] 聂建国，王宇航. 钢−混凝土组合梁疲劳性能研究综述[J]. 工程力学，2012，29（6）：1−11.

[8] HE G H, YANG X. Dynamic analysis of two-layer composite beams with partial interaction using a higher order beam theory[J]. International journal of mechanical sciences，2015，90（2015）：102−112.

[9] 江雨辰，胡夏闽. 木−混凝土组合梁研究综述[J]. 建筑结构学报，2019，40（10）：149−157，167.

[10] 刘永健，刘江. 钢-混凝土组合梁桥温度作用与效应综述[J]. 交通运输工程学报，2020，20（1）：42-59.

[11] 孟光，瞿叶高. 复合材料结构振动与声学[M]. 北京：国防工业出版社，2017：65-70.

[12] SHEU G J, YANG S M. Dynamic analysis of a spinning Rayleigh beam[J]. International journal of mechanical sciences，2005，47（2）：157-169.

[13] TIMOSHENKO S P. On the correction for shear of differential equation for transverse vibrations of bars of prismatic bars[J]. Philosophical magazine，1921，41（5）：744-746.

[14] TIMOSHENKO S P，MONROE J G. Theory of elastic stability[M]. 2nd ed. New York：McGraw-Hill Book Company，Inc.，1961.

[15] 瞿履谦，庄崖屏，邵惠. 构件剪切变形的截面剪应力不均匀分布影响系数和计算表[J]. 建筑结构学报，1986，4（3）：37-53.

[16] HAN S M, BENAROYA H, WEI T. Dynamics of transversely vibrating beams using four engineering theories[J]. Joural of sound and vibration，1999，225（5）：935-988.

[17] LEVINSON M. A new rectangular beam theory[J]. Journal of sound and vibration，1981，74（1）：81-87.

[18] LEVINSON M. Further results of a new beam theory[J]. Journal of sound and vibration，1981，77（3）：440-444.

[19] REDDY J N. A simple higher-order theory for laminated composite plates[J]. Journal of applied mechanics，1984，51（4）：745-752.

[20] KANT T, OWEN D R J, ZIENKIEWICZ O C. A refined higher-order C^0 plate bending element[J]. Computers and structures，1982，15（2）：177-183.

[21] KANT T，GUPTA A. A finite element model for a higher-order shear-deformable beam theory[J]. Journal of sound and vibration，1988，

125 (2): 193−202.

[22] GIRHAMMAR U A., GOPU V K A. Composite Beam-Columns with Interlayer Slip—Exact Analysis[J]. Journal of structural engineering, 1993, 119 (4): 1265−1282.

[23] GIRHAMMAR U A., PAN D. Dynamic analysis of composite members with interlayer slip[J]. International journal of solids and structures, 1993, 30 (6): 797−823.

[24] GIRHAMMAR U A., PAN D. Exact static analysis of partially composite beams and beam-columns[J]. International journal of mechanical sciences, 2007, 49 (2): 239−255.

[25] GIRHAMMAR U A. Composite beam-columns with interlayer slip—Approximate analysis[J]. International journal of mechanical sciences, 2008, 50 (12): 1636−1649.

[26] GIRHAMMAR U A. A simplified analysis method for composite beams with interlayer slip[J]. International journal of mechanical sciences, 2009, 51 (7): 515−530.

[27] GIRHAMMAR U A., PAN D., GUSTAFSSON A. Exact dynamic analysis of composite beams with partial interaction[J]. International journal of mechanical sciences, 2009, 51 (8): 565−582.

[28] GRUNDBERG S, GIRHAMMAR U A, Hassan O A B. Dynamics of axially loaded and partially interacting composite beams[J]. International journal of structural stability and dynamics, 2014, 14 (1): 1350047.

[29] ADAM C, HEUER R, Jeschko A. Flexural vibrations of elastic composite beams with interlayer slip[J]. Acta mechanica, 1997, 125 (1997): 17−30.

[30] LEU L J, HUANG C W. Stiffness matrices for linear and buckling analyses of composite beams with partial shear connection[J]. Journal of mechanics, 2006, 22 (4): 299−309.

[31] HUANG C W, SU Y H. Dynamic characteristics of partial composite

beams[J]. International journal of structural stability and dynamics，2008，8（4）：665-685.

[32] WU Y F，XU R Q，Chen W Q. Free vibrations of the partial-interaction composite members with axial force[J]. Journal of sound and vibration，2007，299（4-5）：1074-1093.

[33] CHEN W Q，WU Y F，XU R Q. State space formulation for composite beam-columns with partial interaction[J]. Composites science and technology，2007，67（11-12）：2500-2512.

[34] SHEN X D，CHEN W Q，WU Y F，et al. Dynamic analysis of partial-interaction composite beams[J]. Composites Science and Technology，2011，71（10）：1286-1294.

[35] 沈旭栋，陈伟球，徐荣桥. 有轴力的部分作用组合梁的动力分析[J]. 振动工程学报，2012，25（5）：514-521.

[36] 侯忠明. 钢-混凝土结合梁桥动力性能及损伤识别的理论分析与模型试验研究[D]. 北京：北京交通大学，2013.

[37] 侯忠明，夏禾，张彦玲. 栓钉连接件抗剪刚度对钢-混凝土结合梁自振特性影响研究[J]. 中国铁道科学，2012，33（6）：24-29.

[38] HOU Z M，XIA H，ZHANG Y L. Dynamic analysis and shear connector damage identification of steel-concrete composite beams[J]. Steel and composite structures，2012，13（4）：327-341.

[39] 侯忠明，夏禾，张彦玲. 钢-混简支结合梁基本动力特性的解析解[J]. 铁道学报，2014，36（3）：100-105.

[40] 侯忠明，夏禾，张彦玲. 移动荷载作用下简支钢-混结合梁的动力响应分析[J]. 铁道学报，2014，36（5）：103-108.

[41] 侯忠明，夏禾，王元清，等. 一种求解简支钢-混结合梁通用挠度表达式的数学解析方法[J]. 振动与冲击，2014，33（15）：15-21.

[42] 侯忠明，夏禾，王元清，等. 钢-混凝土组合梁动力折减系数研究[J]. 振动与冲击，2015，34（4）：74-81.

[43] 侯忠明，王元清，夏禾，等. 移动荷载作用下的钢-混简支结合梁动力响应[J]. 吉林大学学报：工学版，2015，45（5）：1420-1427.

[44] HOU Z M，XIA H，WANG Y Q，et al. Dynamic analysis and model test on steel-concrete composite beams under moving loads[J]. Steel and composite structures，2015，18（3）：565-582.

[45] 侯忠明，夏禾，张彦玲，等. 简谐荷载作用下组合梁动滑移响应分析[J]. 振动与冲击，2016，35（2）：18-23，30.

[46] 魏志刚，时成林，刘寒冰，等. 车辆作用下钢-混凝土组合简支梁动力特性[J]. 吉林大学学报：工学版，2017，47（6）：1744-1752.

[47] 张云龙，刘占莹，吴春利，等. 钢-混凝土组合梁静动力响应[J]. 吉林大学学报：工学版，2017，47（3）：789-795.

[48] 张云龙，郭阳阳，王静，等. 钢-混凝土组合梁的固有频率及其振型[J]. 吉林大学学报：工学版，2020，50（2）：581-588.

[49] 钟春玲，梁东，张云龙，等. 体外预应力钢-混凝土组合简支梁自振频率计算[J]. 吉林大学学报：工学版，2020，50（6）：2159-2166.

[50] 刘占莹. 钢-混凝土组合梁的动力响应研究[D]. 吉林：吉林建筑大学，2016.

[51] 郭阳阳. 钢-混凝土组合梁的动力性能研究[D]. 吉林：吉林建筑大学，2020.

[52] 焦春节，丁洁民. 体外预应力钢-混凝土组合连续梁自振频率分析[J]. 工程力学，2011，28（2）：193-211.

[53] FANG G S，WANG J Q，LI S. Dynamic characteristics analysis of partial-interaction composite continuous beams[J]. Steel and composite structures，2016，21（1）：195-216.

[54] XU R Q，WU Y F. Static dynamic and buckling analysis of partial interaction composite members using Timoshenko's beam theory[J]. International journal of mechanical sciences，2007，49（10）：1139-1155.

[55] XU R Q，WANG G N. Variational principle of partial-interaction

composite beams using Timoshenko's beam theory[J]. International journal of mechanical sciences，2012，60（1）：72-83.

[56] 王冠楠. 部分作用 Timoshenko 组合梁的受力特性研究[D]. 杭州：浙江大学，2012.

[57] 沈旭栋. 部分粘结组合梁的若干动静力问题[D]. 杭州：浙江大学，2012.

[58] 鲍光建. 部分粘结组合梁的动力刚度矩阵及其应用[D]. 杭州：浙江大学，2015.

[59] BAO G J，XU R Q. Dynamic stiffness matrix of partial-interaction composite beams[J]. Advances in mechanical engineering，2015，Special Issue：1-7.

[60] 张永平，徐荣桥. 考虑层间滑移的多层组合梁挠度计算[J]. 工程力学，2018，35（增刊）：22-26.

[61] 郁乐乐. 钢-混组合梁桥车桥耦合动力响应及其影响因素研究[D]. 杭州：浙江大学，2019.

[62] 林建平. 考虑界面非连续变形的钢-混凝土组合梁桥数值模拟研究[D]. 杭州：浙江大学，2014.

[63] LIN J P，WANG G N，BAO G J. Stiffness matrix for the analysis and design of partial-interaction composite beams[J]. Construction and building materials，2017，156（2017）：761-772.

[64] LIN J P，WANG G N，XU R Q. Particle swarm optimization based finite element analyses and designs of shear connector distributions for the partial-interaction composite beams[J]. Journal of bridge engineering，2019，24（4）：04019017.

[65] LIN J P，WANG G N，XU R Q. Variational principles and explicit finite-element formulations for the dynamic analysis of partial-interaction composite beams[J]. Journal of engineering mechanics，2020，146（6）：04020055.

[66] WANG J F, ZHANG J T, XU R Q, et al. A numerically stable dynamic coefficient method and its application in free vibration of partial-interaction continuous composite beams[J]. Journal of sound and vibration, 2019, 457 (2019): 314-332.

[67] 张江涛. 动力系数法及其在桥梁结构动力分析中的应用[D]. 杭州: 浙江大学, 2020.

[68] BERCZYŃSKI S, WROBLEWSKI T. Vibration of steel-concrete composite beams using the Timoshenko beam model[J]. Journal of vibration and control, 2005, 11 (6): 829-848.

[69] 戚菁菁, 蒋丽忠, 张传增, 等. 界面滑移、竖向掀起及剪切变形对钢-混凝土组合连续梁动力性能的影响[J]. 中南大学学报: 自然科学版, 2010, 41 (6): 2334-2343.

[70] NGUYEN Q H, HJIAJ M, ARIBERT J M. A space-exact beam element for time-dependent analysis of composite members with discrete shear connection[J]. Journal of constructional steel research, 2010, 66 (11): 1330-1338.

[71] NGUYEN Q H, MARTINELLI E, HJIAJ M. Derivation of the exact stiffness matrix for a two-layer Timoshenko beam element with partial interaction[J]. Engineering structures, 2011, 33 (2): 298-307.

[72] NGUYEN Q H, HJIAJ M, GROGNEC P L. Analytical approach for free vibration analysis of two-layer Timoshenko beams with interlayer slip[J]. Journal of sound and vibration, 2012, 331 (12): 2949-2961.

[73] SCHNABL S, PLANINC I. The influence of boundary conditions and axial deformability on buckling behavior of two-layer composite columns with interlayer slip[J]. International journal of non-linear mechanics, 2010, 32 (10): 3103-3111.

[74] SCHNABL S, PLANINC I. The effect of transverse shear deformation on the buckling of two-layer composite columns with interlayer slip[J].

International journal of non-linear mechanics，2011，46（3）：543−553.

[75] CAMPI F，MONETTO I. Analytical solutions of two-layer beams with interlayer slip and bi-linear interface law[J]. International journal of solids and structures，2013，50（5）：687−698.

[76] 高瑞彬. 钢−混凝土组合箱梁的动力特性分析[D]. 长沙：中南大学，2013.

[77] 张翠. 钢−混凝土组合曲线箱梁的动力特性分析[D]. 长沙：中南大学，2014.

[78] 肖承鹏. 基于弱式微分求积法的 Timoshenko 组合梁动静力分析[D]. 舟山：浙江海洋大学，2017.

[79] LIN J P，LIU X L，WANG Y，et al. Static and dynamic analysis of three-layered partial-interaction composite structures[J]. Engineering structures，2022，252（1）：113581.

[80] CHAKRABARTI A，SHEIKH A H，GRIFFITH M，et al. Analysis of composite beams with longitudinal and transverse partial interactions using higher order beam theory[J]. International journal of mechanical sciences，2012，59（1）：115−125.

[81] CHAKRABARTI A，SHEIKH A H，GRIFFITH M，et al. Analysis of composite beams with partial shear interactions using a higher order beam theory[J]. Engineering structures，2012，36：283−291.

[82] CHAKRABARTI A，SHEIKH A H，GRIFFITH M，et al. Dynamic response of composite beams with partial shear interaction using a higher-order beam theory[J]. Journal of structural engineering，2013，139（1）：47−56.

[83] 杨骁，何光辉.Reddy 高阶组合梁弯曲的一般解析解法[J]. 固体力学学报，2014，35（2）：199−208.

[84] 何光辉，杨骁.Reddy 高阶组合梁的非线性有限元分析[J]. 工程力学，2015，32（8）：87−95.

[85] UDDIN M A，SHEIKH A H，TERRY B T，et al. Large deformation analysis of two layered composite beams with partial shear interaction using a higher order beam theory[J]. International journal of mechanical sciences，2017，122：331−340.

[86] UDDIN M A，SHEIKH A H，BROWN D，et al. A higher order model for inelastic response of composite beams with interfacial slip using a dissipation-based arc-length method[J]. Engineering structures，2017，139：120−134.

[87] 何光辉. 基于高阶梁理论的双层组合梁动静力响应分析[D]. 上海：上海大学，2015.

[88] HE G H，YANG X. Finite element analysis for buckling of two-layer composite beams using Reddy's higher order beam theory[J]. Finite elements in analysis and design，2014，83：49−57.

[89] HE G H，YANG X. Analysis of higher order composite beams by exact and finite element methods[J]. Structural engineering and mechanics，2015，53（4）：625−644.

[90] HE G H，YANG X. Dynamic analysis of two-layer composite beams with partial interaction using a higher order beam theory[J]. International journal of mechanical sciences，2015，90：102−112.

[91] 何光辉，汪德江，杨骁. 考虑界面不可压的高阶组合梁静力弯曲—位移法与混合型的有限元分析[J]. 浙江大学学报：工学版，2015，49（9）：1716−1724.

[92] HE G H，WANG D J，YANG X. Analytical solutions for free vibration and buckling of composite beams using a higher order beam theory[J]. Acta mechanica solida sinica，2016，29（3）：300−315.

[93] 何光辉，欧阳煜，杨骁. 双层高阶组合梁的界面摩擦效应[J]. 上海交通大学学报，2016，50（11）：1724−1731.

[94] FU C，YANG X. Dynamic analysis of partial-interaction Kant composite

beams by weak-form quadrature element method[J]. Archive of applied mechanics，2018，88（12）：2179-2198.

[95] CHENG Z N，ZHANG N，SUN Q K，et al. Research on simplified calculation method of coupled vibration of vehicle-bridge system[J]. Shock and vibration，2021，2021（4）：1-14.